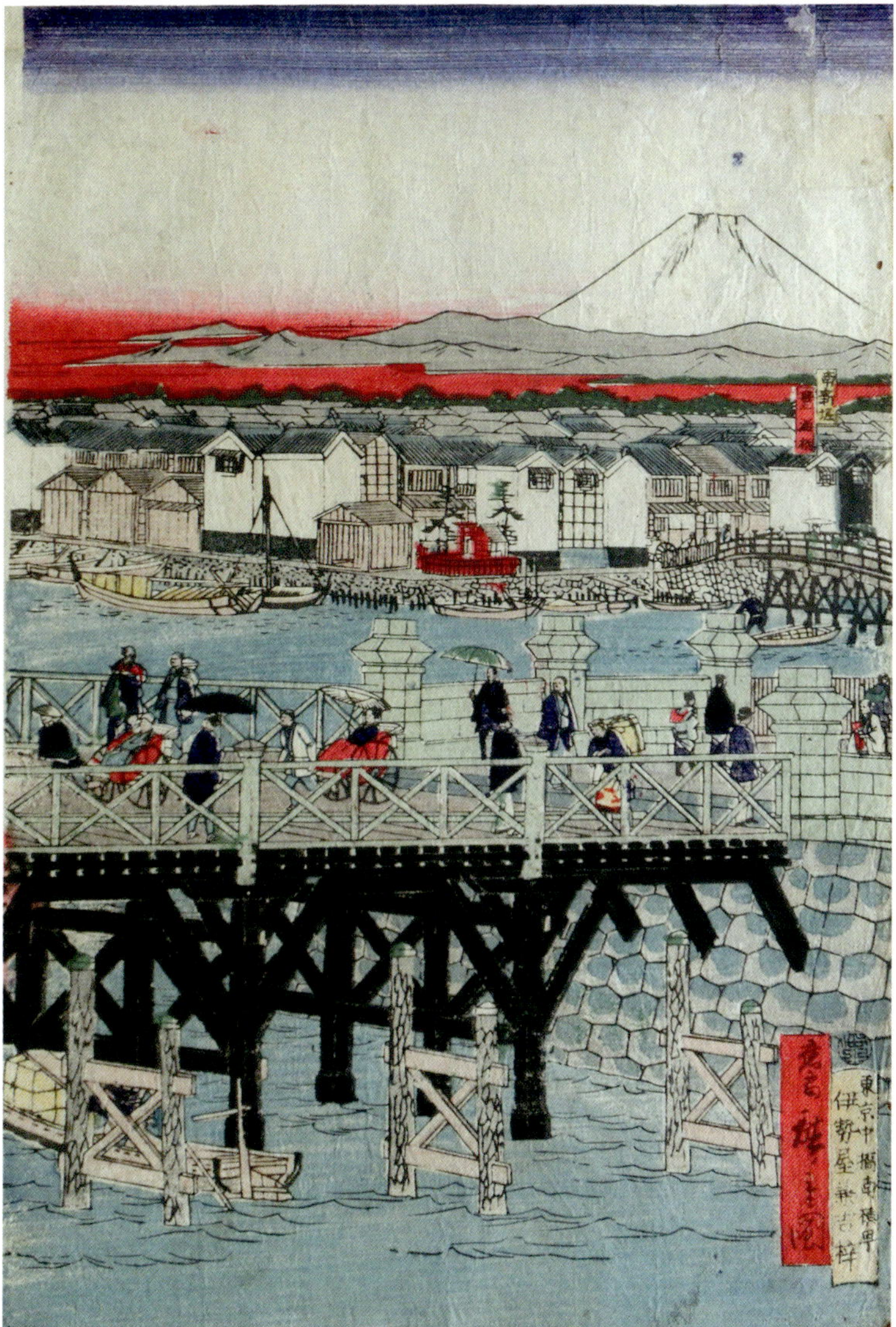

**永代橋**　明治になると、隅田川の橋は、明治政府の雇った外国人技術者らの設計で西洋式の木橋へ架け替えられた

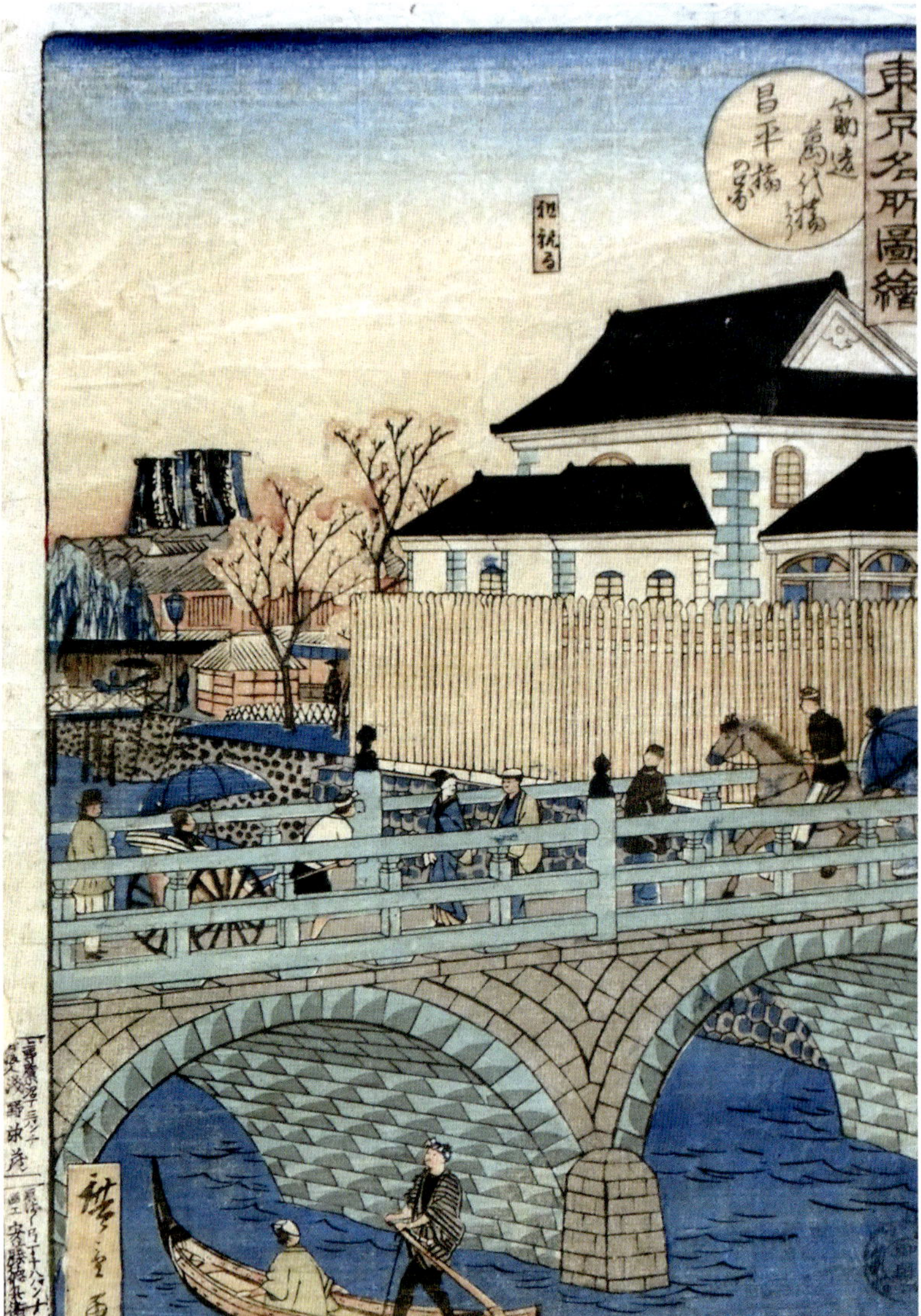


**万世橋**　明治初期の文明開化期には、明治６年の万世橋（萬代橋）を皮切りに都心部に13橋の石造アーチ橋が架けられた

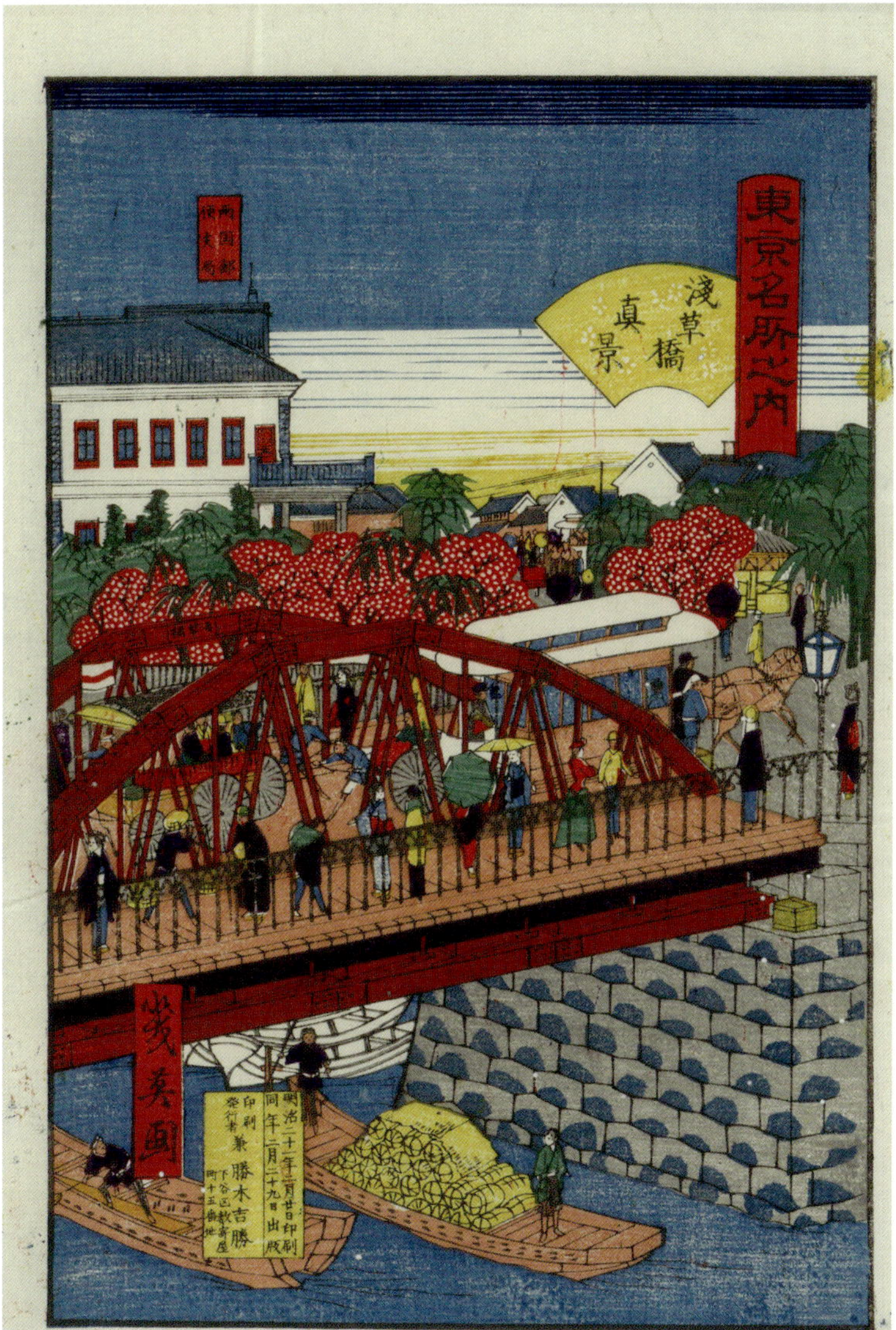


**浅草橋**　明治17年に石造アーチ橋から鉄橋に架け替えられた。設計は東京府の原口要が行った

## 明治時代に隅田川に架けられた鉄橋

西洋の近代橋梁技術を学んだ技術者たちにより、明治20年の吾妻橋を皮切りに、明治時代に隅田川に５橋の鉄橋が架橋された

**吾妻橋**　明治20年に架けられた我が国初の大型鉄橋。設計は東京府の原口要が行った

**厩橋**　明治26年に架けられた。設計は東京府の倉田吉嗣、岡田竹五郎が行った

**永代橋**　明治30年に架けられた我が国の道路橋で初の鋼鉄製の橋。設計は東京府の倉田吉嗣が行った

**両国橋**　明治37年に架けられた。設計は東京市の原龍太、金井彦三郎、安藤広之が行った。橋の一部は移設され、現在も南高橋（中央区道）として使用されている

## 明治末から大正時代に架けられた橋

樺島正義が東京市の橋梁課長になり、設計を建築家と共同で行うようになると、西洋の都市にあるような造形的に美しい橋が建設されるようになった

**日本橋**　明治44年に架けられた石造アーチ橋。設計は東京市の米元晋一が行った

**新大橋**　明治45年に隅田川に架けられた。設計は東京市の樺島正義が行った。現在、橋の一部は愛知県の明治村に移設・展示されている

**四ツ谷見附橋**　大正３年に現在のJR中央線を跨ぎ架けられた。橋は現在、八王子市内に移設され、長池見附橋として使用されている

**高橋**　大正８年に亀島川に架けられた。設計は東京市の樺島正義が行った

## 関東大震災の復興で、復興局により架けられた隅田川の橋

関東大震災の復興では、隅田川に「橋の展覧会」に例えられる、美しく多彩な構造の橋が架橋された

**永代橋**　国内で初めて支間長が100メートルを超えた我が国の土木史上記念碑的橋

**清洲橋**　建設当時、世界で最も美しい橋と謳われたドイツのケルンの吊り橋をモデルに設計された

蔵前橋

言問橋

駒形橋

## 復興局が施工した橋の竣工記念絵葉書

日本橋川などの中小河川や運河では、ラーメン橋台を持つ復興局型橋梁やアーチ橋が多く架橋された

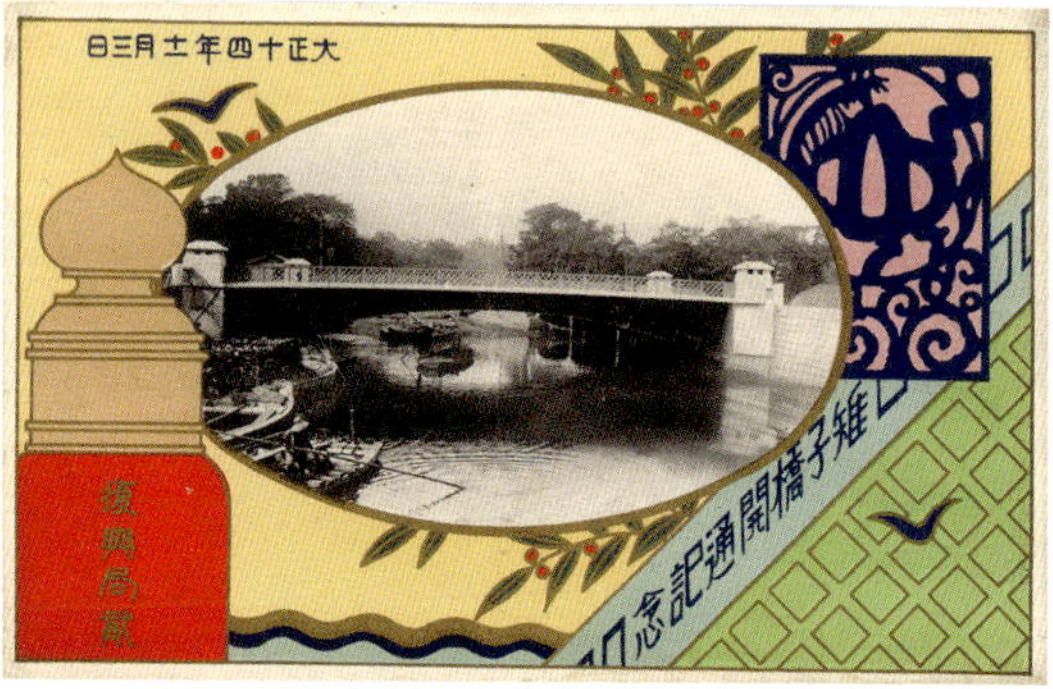


雉子橋

親父橋

久安橋

千代田橋

数寄屋橋

柳橋

## 小河内ダム建設により架けられた奥多摩湖の橋

小河内ダムの建設に伴い、奥多摩湖の景観に彩りを添えるように、美しく多様な構造の橋が架橋された

**峰谷橋**　建設時に国内で最長の支間長を誇るアーチ橋であった

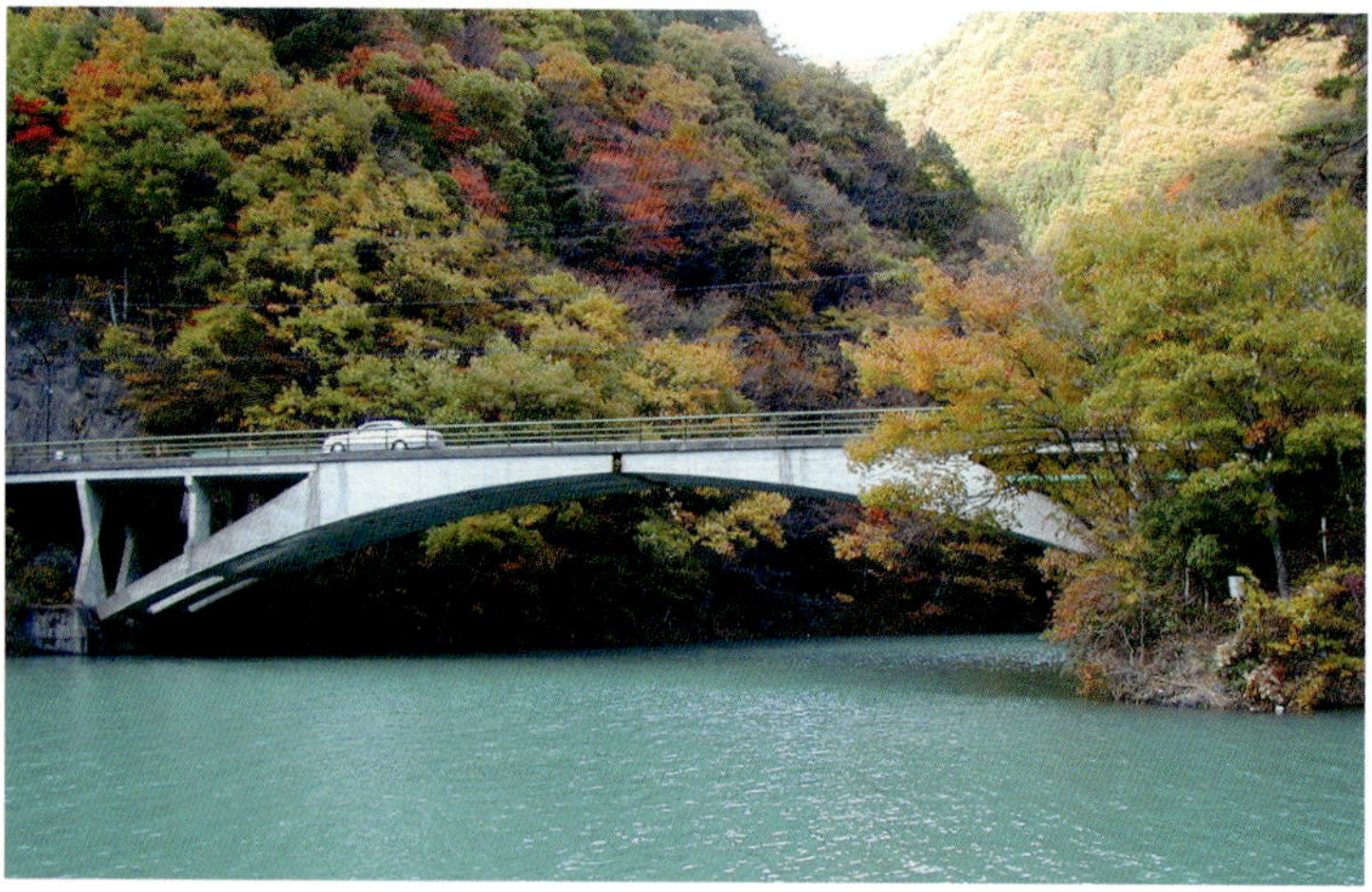

**坪沢橋**　スイスの橋梁技術者マイヤールが設計したアーチ橋を模して建設された。エッジの効いたシャープな外観が美しい

深山橋

鴨沢橋

麦山橋

# 多摩川中流部に架けられた橋

多摩川中流部の交通渋滞を緩和するために、是政橋など4橋を架け替え、府中四谷橋など4橋が新たに架橋された

**是政橋**　上下線分離構造の斜張橋。下流側（右側）の橋は国内初の合成斜張橋

**多摩水道橋**　橋桁の中には神奈川県から供給を受ける水道管が収まっている

府中四谷橋

多摩川原橋

立日橋

**築地大橋**　隅田川で最も新しい橋であり、最下流に位置し、東京の新たなゲートとなる橋である。工場で橋を組み立て台船で海上運搬し、平成26年5月に3千トン吊りのフローティングクレーンを用いて1日で架設された

# 橋を透《とお》して見た風景

紅林章央

都政新報社

# はじめに

スカイツリーが開業して、東京の観光地図は大きく東へとシフトした。スカイツリーに登り、浅草を巡り、そして隅田川のクルーズを楽しむというルートは、平成の東京観光の定番コースとなっている。このクルーズ、最大の目玉は、勝鬨《かちどき》橋や永代橋を始めとする橋ウオッチングにあるといっても過言ではない。船から眺めると、橋に様々な形があることや美しさに驚かれた方も多いかと思う。

さらに、近頃は神田川や日本橋川のクルーズも盛況で、川面から見上げる聖橋の雄大さや、日本橋の装飾の重厚さは帝都の橋ならではの風格にあふれている。

橋は渡れればいいという人もいるし、公共事業は安ければいいという人もいるが、これらの橋を見ると、しっかりと造られたものは、やはり「良い」と感じることしきりである。

隅田川や日本橋川、神田川に架かる橋の多くは関東大震災の復興で架けられたものである。これらの橋は震災の復興を、そして戦火の中逃げ惑う人々を、戦後の高度経済成長などを見届けてきた生き証人である。さらに紐解けば、江戸時代まで遡る四百年に及ぶ歴史が見え隠れする。それらが幾重にも積み重なり、今日の東京の景観を造り出している。

東京には約五千橋もの橋があるという。その中から、人は「東京の橋」と聞き、どのような橋を思い浮かべるであろうか？

ある人は隅田川の永代橋や清洲橋を、ある人はレインボーブリッジやゲートブリッジを思い浮かべるかもしれない。奥多摩の渓谷に虹を描くアーチ橋を思う人、用水に架かる名も無い橋でも、東京を連想させる思い出深い橋であることもある。

橋とは、「端《はし》」をその語源とする。地域の境界、「端」を表す言葉であった。そこは、異界との出会いの場であり、また別れの場でもあった。その一橋一橋に物語がある。

橋を巡る物語を知ると、そこには昨日まで何気なく渡っていた橋とは別の風景が見えてくるかもしれない。そんな橋を透して見える風景。この本からそのような風景が見えてもらえれば幸いである。

## 隅田川に架かる35の橋

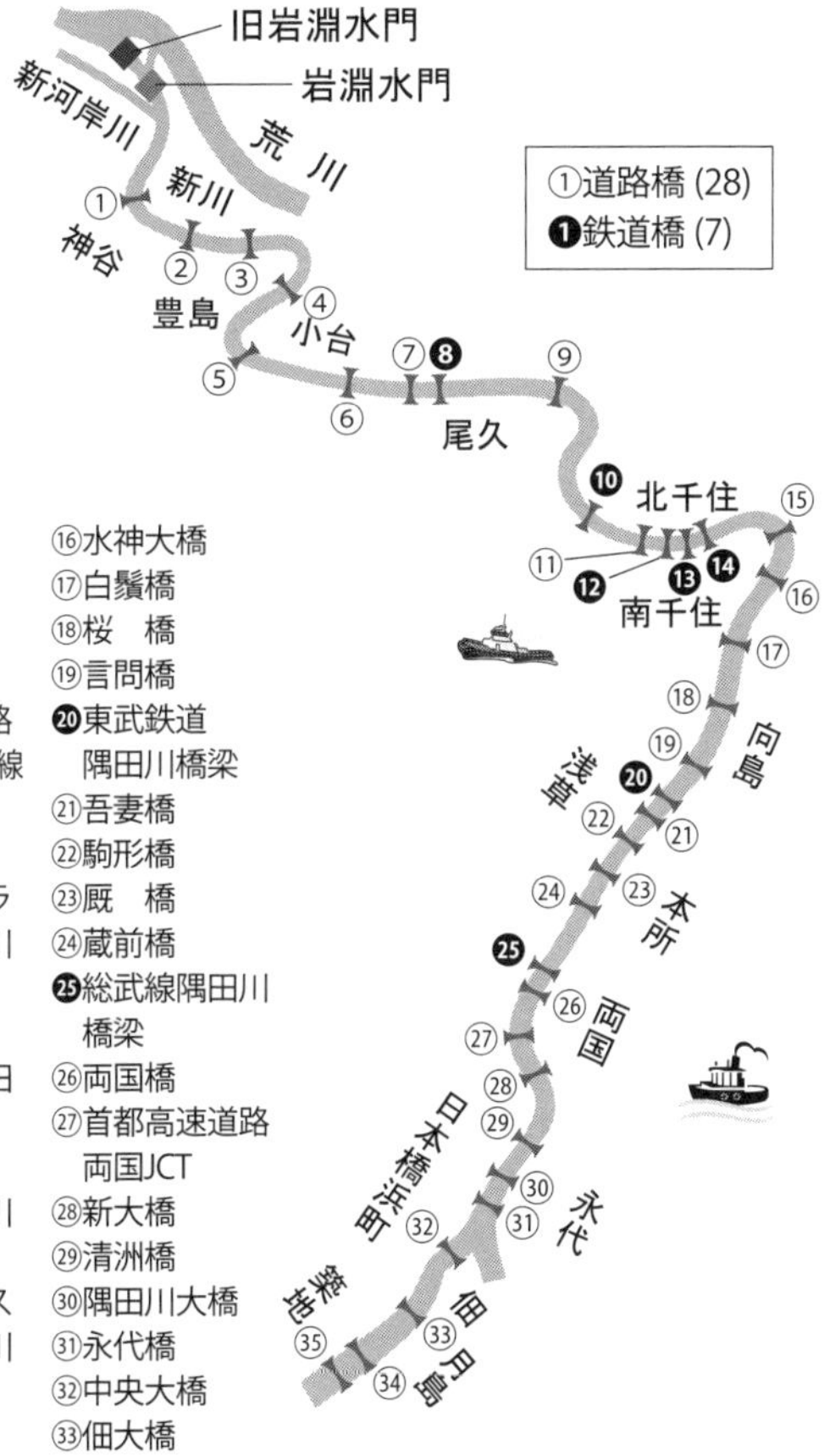


①新神谷橋
②新田橋
③新豊橋
④豊島橋
⑤首都高速道路中央環状王子線
⑥小台橋
⑦尾久橋
❽日暮里舎人ライナー隅田川橋梁
⑨尾竹橋
❿京成本線隅田川橋梁
⑪千住大橋
⓬常磐線隅田川橋梁
⓭つくばエクスプレス隅田川橋梁
⓮日比谷線隅田川橋梁
⑮千住汐入大橋
⑯水神大橋
⑰白鬚橋
⑱桜　橋
⑲言問橋
⓴東武鉄道隅田川橋梁
㉑吾妻橋
㉒駒形橋
㉓厩　橋
㉔蔵前橋
㉕総武線隅田川橋梁
㉖両国橋
㉗首都高速道路両国JCT
㉘新大橋
㉙清洲橋
㉚隅田川大橋
㉛永代橋
㉜中央大橋
㉝佃大橋
㉞勝鬨橋
㉟築地大橋

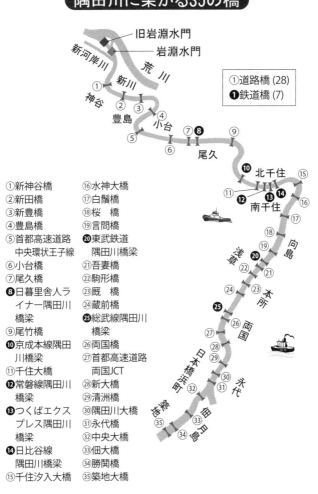

目次

はじめに――3
地図（隅田川にかかる橋）――5

1章 江戸時代の橋――11
1 両国橋が架けられた理由――12
2 江戸時代の橋の管理――17
3 土方歳三も渡った石橋――22
4 江戸時代の山岳ハイウェイ――27

2章 明治・大正の橋――33
1 渋沢栄一に救われた橋 常磐橋――34

2 お雇い外国人と橋――41
3 東京の近代橋梁の創始者 原口要――48
4 明治の橋梁第二世代 原龍太――56
5 新技術への挑戦者 倉田吉嗣――65
6 私学のダイヤモンド 金井彦三郎――73
7 奥多摩に架けられた日本一の橋――80
8 東京市橋梁のエース 樺島正義――86
9 もう一つの日本橋 米元晋一――94

## 3章 関東大震災復興――101

1 関東大震災での橋の被害――102
2 復興局の橋梁技術者たち 太田圓三と田中豊――109
3 田中豊が目指した橋の未来形 言問橋――115
4 橋梁美の概念を一変させた橋 永代橋と清洲橋――121
5 難航した東京市の隅田川架橋 吾妻橋・厩橋・両国橋――127

6 橋の天才設計者登場　増田淳――134
7 小河川や運河の橋はこうして決められた――141
8 二つのコンクリートアーチ橋　成瀬勝武――149
9 日本初のフィーレンデール橋　豊海橋――156
10 東京市の橋梁技術者たち――162
11 若き橋のデザイナー　山田守・山口文象――169
12 震災復興で導入された橋の新技術――178
13 九十年前の優れた耐震設計――183
14 橋の長寿命化に必要なもの――188
15 橋詰め広場の役割と変化――193
16 橋の設計者とは誰か――199

4章 昭和から太平洋戦争――205

1 奥多摩で開かれた橋の展覧会　尾崎義一――206
2 勝鬨橋を架けた男　岡部三郎――214

3　勝鬨橋はなぜ可動橋になったのか――221
4　戦争と橋――227

5章　終戦から現代――235

1　橋のなんでも屋　鈴木俊男――236
2　時代を先取りした橋の設計者　一ノ谷基――243
3　多摩川中流部架橋の光と影――250
4　震災復興橋梁を世界遺産に――258

終わりに――263

主な参考文献――266

（註）　写真キャプションの橋と川の名前の前の（旧）は、現在は存在しないことを示す。

# 1章 江戸時代の橋

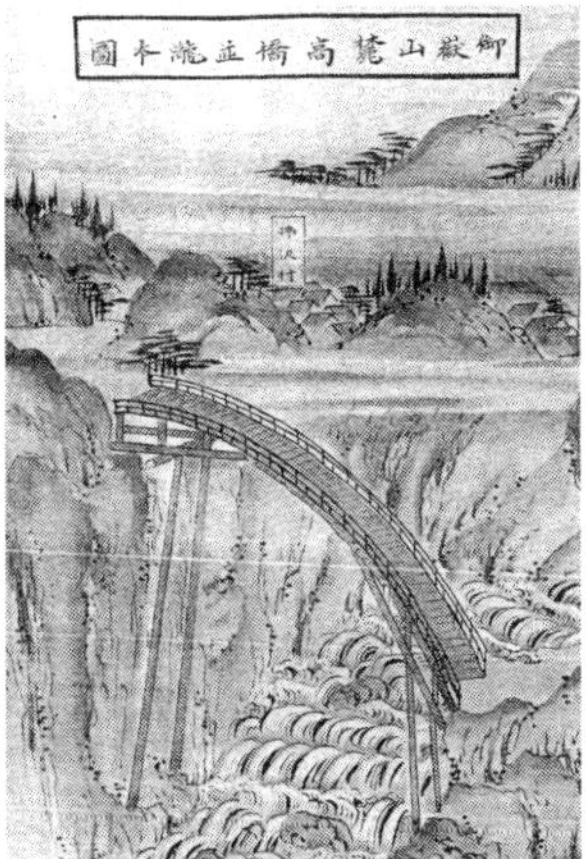

# 1 両国橋が架けられた理由

隅田川で最初の橋は、文禄三年（一五九四）に架けられた千住大橋であった。徳川家康が江戸城を居城としたのが一五九〇年であるから、入府後間もなく架けられたことになる。家康が江戸から新統治地である関東各地へのアクセスを重視していたことがうかがえる。

千住大橋が江戸の北の入り口であるとすると、南の入り口は東海道が多摩川を渡河するところに架けられた六郷大橋で、慶長五年（一六〇〇）七月に初めて橋が架けられた。関ヶ原の戦いが慶長五年九月であるから、家康は出来たばかりの六郷橋を渡って出陣したことになる。しかし、千住大橋が江戸時代を通じて架けられていたのに対し、六郷大橋は、貞享五年（一六八八）に四代目の橋が洪水で流されて以降、明治七年まで再架されることはなかった。

江戸時代は江戸防御のために大きな河川に橋を架けなかったと言われているが、政権が不安定な江戸時代の初めに橋があり、安定し

1-1-1　江戸時代の（旧）両国橋ジオラマ＝東京都江戸東京博物館

た時期に橋を廃止したことを考えると、この理論は必ずしも成り立たないのかもしれない。隅田川筋の地盤は粘土層であるため打ち込んだ橋脚は抜けにくい、一方多摩川の下流の地盤は砂層のため、橋脚が洗掘され流失しやすいという、両者の地質に違いがあった。その上、通行人は両国橋の十分の一程度と少なかったため、過大な建設費や管理費をかけてまで、橋を維持しなければならないという理由が乏しかったためと思われる。

さて、隅田川で二番目の橋は、寛文元年（一六六一）に架けられた両国橋であった。当時千住は江戸市域外で、奥州街道の最初の宿場町であった。つまり江戸市内に限れば、両国橋が最初の橋であった。両国橋という名は隅田川が武蔵国と下総国の国境になっており、橋は二つの国（＝両国）に架かることにちなんで付けられたものであった。両国橋は、幕府が隅田川で最も重視した橋で、江戸時代を通じ直轄で管理した唯一の橋であった。

　橋が架けられる契機になったのは、江戸時代最大の火災、一六五七年に起きた明暦《めいれき》の大火であった。この大火は江戸の六割を焼失させ、約四十万人と言われている江戸の人口のうち死者は十万人に及んだ。橋も日本橋など六十橋が焼失した。この大火を教訓にして、様々な防災対策が立てられた。

　それまで、各大名の大名火消しに頼っていた消火体制を改め、町奉行所管轄の定火消が設置された。またこの大火では、避難する住民の大八車が道を塞いで被害を増大させたことから、以後、江戸時代を通して災害時には大八車の使用が禁止された。

　しかし、明治以降はこのたがが外れたため、関東大震災では大八車が避難路を塞ぎ、さらには大八車から延焼して橋が焼け落ちるなど、再び被害を増大させる原因になった。墨田区横網町の復興記念館に、震災直後の皇居前広場の写真が展示されているが、広場を埋め尽くした大八車の多さに圧倒される。現代に照らし合わせれば、大八車はさながら自動車ということになるのだろうか。

　さらにハード面でも対策が取られ、老中保《ほ》科《しな》正之《まさゆき》の手によって、江戸の町の大改造がなされた。対策の柱としたのは延焼遮断帯《えんしょうしゃだんたい》の設置で、防火土手の設置や主要道路の拡幅、橋詰めに空地の確保などが行われた。拡幅された道路は「広小路《ひろこうじ》」と呼ばれ、現在も上野広小路などの地名にその名を残している。広小路は幅十間（十八メートル）が標準で、これは阪神淡路大震災で延焼を食い止めた道路の幅や、現在、東京の木造密集地域で進められている都市計画道路の幅に概ね合致する。自然災害に対する抜本的な対策は、時代により大きく変わることはないのかもしれない。

これらの延焼遮断帯の用地を捻出するために、武家屋敷や寺社を含む多くの家屋の移転が必要となった。移転地として目を付けたのが、未開発であった隅田川東側の低地であった。この開発のために隅田川に橋を架ける必要が生じ、幕府により架けられたのが両国橋であった。

当初は単に大橋と呼ばれ、橋の長さは百七十一メートル、幅は七・三メートルであった。また、この架橋は、災害時の避難路を確保するという役割もあった。これにより、隅田川東岸の開発は促進され、土地造成のために多くの運河が掘られ、橋も多く架けられた。これら新しい町の建造や行政は、江戸町奉行ではなく、新設された本所奉行（一六六〇～一七一三年）により行われた。

元禄時代に入ると、江戸の町の膨張に従って、さらに本所、深川地区の開発を促進する必要に迫られ、これに応えるように、幕府は元禄六年（一六九三）には新大橋を、元禄十一年（一六九八）には永代橋を架けた。新大橋は、両国橋が「大橋」と呼ばれていたのに対して、新しいために新大橋と名付けられたもので、橋の長さは百九十七メートル、幅は六・一メートルであった。永代橋は、徳川綱吉の五十歳の祝いに架けられたため、橋の名は長寿を祝い永代と名付けたという説や、深川側が永代島と呼ばれていたためという説などがある。橋の長さは二百七メートル、幅は六・八メートルと、隅田川に架かる橋で最長であった。さながら、これらの橋は現代で言えば、都心と臨海副都心を結ぶレインボーブリッジや、環状二号線の築地大橋などに当たるのであろう。

このような活発な都市開発により、元禄時代には江戸の人口は百万人を超え、短期間で世界最大の都市へと急成長した。元禄時代は、戦後の高度経済成長期が昭和元禄と呼ばれたように、しばしば景気が良い時代の代名詞として使われる。その牽引役になったのは、幕府による隅田川架橋などの公共事業であったのである。このような積極的なインフラ投資がなければ、その後の江戸の町の発展は無かったであろう。

しかし、明暦の大火という災害を経て再生された江戸の町が、次に近代都市へと大きく姿を変えるには、再び関東大震災という大災害を待たざるを得なかったというのは歴史の皮肉である。

# 2 江戸時代の橋の管理

「京の着倒れ、大阪の食い倒れ」ということわざがある。京都はおしゃれに、大阪は飲食にお金を使い果たしてしまうという意味であるが、元来、大阪の「食い倒れ」は「杭倒れ」が正しい使われ方であった。この「杭」とは、橋の杭を指す。大阪は八百八橋と言われるように多くの橋が架かる。このうち高麗《こうらい》橋など七橋を除く残り全ての橋の建設や維持管理は役所ではなく、大きな商店を中心とする町方に義務として課せられていた。このため、橋の工事で出費がかさみ、破産してしまうというのが本来の意味であった。

一方、江戸では当初、橋の建設や維持管理はほぼ全て幕府か大名の手によって行われていた。いわゆる天下普請《てんかぶしん》で、これらのうち幕府が管理する橋は「御入用橋《おいりようばし》」と呼ばれ、小さな橋を加えると三百橋程あったと言われている。

江戸中期になると、幕府の財政は悪化し、橋の維持管理が重荷になっていく。現代も戦後の高度経済成長期に大量に建設されたインフラの老朽化対策が全国的な課題になっているが、この当時も元禄時代というバブル期に大量に架けられた橋の老朽化対策が大きな課題であった。

享保元年（一七一六）に徳川吉宗が八代将軍に就くと、享保の改革が行われ、江戸の橋の管理についても大きな変化が生じた。まず、重要でない橋は町方へ払い下げて民営とし、御入用橋の総数を縮減した。残った橋については、それまで幕府直轄で行っていた管理を民間へ委託することとし、享保十九年（一七三四）に隅田川の三橋を除く御入用橋百二十六橋を一括して年間千両で、白子屋と菱木屋の二者に委託した。現代のＰＦＩか委託型ＰＰＰと相似する。委託内容は、日常の維持修繕に加え、老朽化に伴う架け替えも含まれていた。ただし、天災が原因で架け替える場合には、木材など材料は幕府が支給するというものであった。その後、幕府の財政はますます悪化し、明和八年（一七七一）には委託金は五百両に減額された。しかし、橋の老朽化が進むなど管理状態が著しく低下したため、安永六年（一七七七）には九百五十両に増額された。

江戸の橋の管理について最大の課題は、市内の隅田川に架けられた両国橋、新大橋、永代橋の長大橋三橋の取り扱いであった。享保四年（一七一九）、幕府は財政難からついに永代橋廃止の方針を打ち出した。これに驚いた深川側の住民は幕府に存続の陳情を繰り返し、最終的に橋は町方が譲り受け、維持管理を行

1-2-1　文化四年八月富岡八幡宮祭礼永代橋崩壊の図（部分）＝東京都江戸東京博物館蔵、Image：東京都歴史文化財団イメージアーカイブ

うことを条件に存続されることになった。橋の管理の民営化である。なお、新大橋も延享元年（一七四四）に町方の管理に移行された。

永代橋は幕府の払い下げ条件に従い、民営化後も当初は無料であったが維持管理費がかさみ、町方は、幕府に橋の有料化の陳情を行い、享保十一年（一七二六）に有料化が認められた。以後は武士や僧侶を除く通行人から通行料を徴収する有料橋となった。しかし、当初もくろんでいたほど通行料収入は上がらず、さらに水害による突発的な出費もあったことから、地元の負担はかさみ、橋の修繕も不十分になっていった。

そんな中、文化四年（一八〇七）八月十九日、我が国の歴史上最悪の落橋事故が起きる。この日、深川の富岡八幡宮では、三十四年ぶりに祭例が復活し、多くの参拝人が永代橋を渡っていた。事故の直前、徳川御三卿《ごさんきょう》の一《ひとつ》橋公《ばしこう》が船で橋下を通過したため、橋は一時通行止めになっていたが、解除によって群衆が一挙に殺到したことから、その重さに耐え切れず橋が崩壊した。死者は約八百人に上ったと言われている。橋の修繕が滞った結果の老朽化が原因であった。当日、妻が祭例へ出かけていた滝沢馬琴は、この事故について「（民営による維持管理では）橋が朽ちても速やかに架け替えることはできず、本普請を伸ばしている。これではこの度のような事故が度々起こる可能性が大きい」と指摘している。

　この事故を受け、翌年幕府は直轄で、架け替えが滞っていた永代橋と新大橋の架け替えを行った。直後、幕府は新たな橋の管理システムを導入する。江戸・大阪間の廻船業者の組合である「菱垣廻船組合《ひがきかいせんくみあい》」を中心に、彼らに関連する問屋から出資を募ってこれを基金として、永代橋、新大橋、そして安永三年（一七七四）に有料橋として架けられた大川橋（後の吾妻橋）を加えた三橋を管理する民間の橋管理組合「三橋会所《さんきょうかいしょ》」を設立させた。この頃、江戸・大阪間の廻船は「樽廻船」という新興勢力が勃興し、旧勢力である「菱垣廻船組合」は劣勢に立たされていた。そこで、廻船組合が既得権益を維持することを条件に、橋の管理を彼らの負担で行うことを、幕府に働き掛けたためであった。

　しかし、この制度もわずか十年で終わりを迎える。三橋会所は橋の維持管理費を、集めた資金を当時唯一の財テクと言える商品相場で運用し捻出していた。しかし米相場が暴落し、十六万両（現代換算で約六十億円）という多額の損出を出したためであった。これにより、管理は再び幕府直轄に戻されることになった。現在も、地方の第三セクターや組合年金の運用のために、株やファンドにより多額の損失を出すということは、度々メディアに取り上げられるが、二百年前の江戸でも同じようなことが起きていたのである。時代は繰り返すということだろうか。

享保十九年（一七三四）から行われていた御入用橋の一括管理委託についても、橋の管理水準が著しく低下したため、寛政二年（一七九〇）に廃止され、幕府はこの直後に老朽化した橋の一斉架け替えを余儀なくされた。

江戸時代に起こったこれらのやりとりは、まるで現代を映しているようだ。永代橋の落橋事故は、笹子トンネルの天井板崩落事故にだぶって見える。今、橋や道路の管理について、役所が行うのではなく、ＰＦＩやＰＰＰの手法を用いた民営化をすべしとの声も一部にある。民間は利益を出すことを身上とするが、そもそもそれは公共の安全性確保と相いれるものなのだろうか。さらに災害の多い日本で果たしてそのような制度が成り立つのか。これら江戸時代の橋の維持管理の歴史が、私たちにその答えを教えているように思える。

# 3 土方歳三も渡った石橋

多摩地域の橋を調査して歩くと、橋の袂《たもと》に草に埋もれた古い石碑をよく目にする。この石碑の表面には石橋供養塔と刻まれている。

石橋供養塔とは、橋を架け替えた時に古い橋を供養することや、建設中に事故で亡くなった人への供養のために建立したのではなく、石橋を架けた時に橋が永続的に続くようにとの願いを込めて建立された、言うなれば架橋の記念碑である。

石碑の表側には石橋供養塔と字のみ刻まれたものや、加えて観音像などが刻まれたもの、裏側や側面には建立年や寄進者の名前、住所、寄付金額などが記載されているものもある。

最初にこの供養塔を見た時、多摩地域に石橋が架けられていたというのは驚きであった。そして、この石碑の「石橋」という言葉に惹かれ、十年ほど前に多摩地域を調べて歩いたことがある。青梅市など西多摩に十二基、八王子市など南多摩に八基ある他、東村山市に十二基、府中市に九基、小平市に八基など北多摩に七十基ほど確認することができた。これらからわかるように、大半は北多摩に集中している。これら北多摩の供養塔を現在の地図に照らし合わすと、驚くべき事実がわかった。府中街道、所沢街道、小金井街道などこの地域の幹線道路が、玉川上水、野火止用水《のびどめようすい》、空堀《からぼり》川などと交差する地点に架かる橋は、かつてほとんど石橋だったのである。

1-3-1　石橋供養塔（東久留米市）

供養塔の中で最も古いものは、府中街道が野火止用水を渡るところに架かる東村山市の天王橋で、天文五年（一七四〇）の建立である。その他のものも、江戸時代後期の十八世紀半ばから十九世紀半ばまでの約百年間に集中している。この頃に木橋から石橋へ架け替えが行われたと推測される。

　木橋は建設費が安価ではあるが、二十年も経てば朽ちて架け替えを余儀なくされる。一方、石橋の寿命は長く日常の維持費もかからない。まして北多摩は玉川上水などの水路がほとんどのため、洪水による突発的な出水も少なく、この点からも人や大八車が渡るだけであれば寿命は半永久的であった。

　この石橋とはどのような構造であったのであろうか。北多摩には大きな河川が無く、最も幅の広い玉川上水に架ける場合でも、橋の長さは五〜六メートル程度であったと推測される。石橋と言えば長崎の眼鏡橋のようなアーチ橋を想像するが、そのような構造ではなかった。石を三十〜五十センチメートル四方、長さ五メートル程度の細長い直方体に加工することで橋桁とし、これを五〜十本横に並べて架けることで橋とした「石桁橋」であった。

ところで、関東ローム層が厚く積もる北多摩では、このような石橋に適した石は採れなかった。江戸城築城にも使われた、あきる野市の伊那地区で採れた伊那石を主に用いたと思われる。それでも運搬距離は四十〜五十キロメートルにも及ぶ。橋の長さが五メートルだとすると、橋桁の一本当たりの重さは三トンにもなる。多摩川を越えて運んだことを想像すると、運搬は困難を極めたであろうことは想像に難くない。加えて重い石の橋桁を現場でどのように架けたのか、施工方法は想像もつかない。橋桁の製作、運搬、工事はいずれも困難であったろうし、なにより工事費は普通の木橋に比べ格段に高かったはずである。

しかし裏返して言えば、この高い工事費を支出できるだけの経済力が、当時江戸近郊の村に備わっていたことの証しである。架けられた時代は文化・文政の時代、江戸時代の文化、経済が成熟を迎えた時期とも合致する。

石碑に刻まれた内容から、工事費は橋が架かる村だけではなく、周辺の村々から広く寄付を募り集めていたことがわかる。前述した府中街道の天王橋や所沢街道の空堀橋など主要街道に架かる橋では、その寄付者の範囲は、遠く現在の町田市から埼玉県西部一帯にまで及んでいる。

　これから、決して一つの村に収まるのではなく、意外に広い当時の経済圏が推測できる。

1-3-2　石桁橋の天王橋（野火止用水、東村山市）

寄付を出した村は利益を受けるからこそ寄付を出したのであろう。これらの石橋が架かる道路は経済活動上必要な、今日で言う広域幹線道路であったわけである。石橋を架けることで経済圏が伸び、それにより収益が上がれば、さらに石橋を架け利便性を向上させることができる。インフラ整備と経済発展は相関関係があったことがわかる。
　主に大正時代以降、石橋は幅員が狭かったことや自動車交通に耐えられなかったことから架け替えが相次いだ。このため、現在、東京都で管理する石桁橋は、府中街道に架かる天王橋の一橋、しかも歩道の一部に残るのみとなった。
　江戸時代後期になると、甲州街道も野川や水路に架けられた橋のほとんどは石橋であった。例えば日野市生まれの土方歳三《ひじかたとしぞう》が実家から江戸市ヶ谷の試衛館道場まで甲州街道を通う場合、日野の宿場を出て多摩川の日野の渡しを渡ると、時代劇に出てくるような太鼓橋を渡るのではなく、永久橋と言える石橋を渡っていたことになる。江戸時代は、私たちが考えている以上にインフラが整備されていたのである。

きっと、天国の土方歳三は今の時代劇のセットを見て笑っていることだろう。

## 4 江戸時代の山岳ハイウェイ

江戸時代、多摩川中下流部には橋は架かっていなかった。正確には最下流の東海道が渡河する地点には江戸初期の慶長五年（一六〇〇）から貞享五年（一六八八）まで六郷橋が架けられていたが、これ以外は現在の国道二四六号の大山街道も国道二〇号の甲州街道も国道一六号の日光街道も「渡し」に頼っていた。

これらの「渡し」は、夏の出水期は渡し船を用い、冬の渇水期は流水部だけ「芝橋《しばばし》」と呼ばれる仮設の橋を架けたもので、このような状況は少なくても江戸時代を通じて続いた。ちなみに、前述した各街道に橋が架けられて渡しが廃止されたのは、国道二四六号の二子の渡しが大正十四年、国道二〇号の日野の渡しが大正十五年、国道一六号の拝島の渡しに至っては戦後の昭和二十九年になってからであった。

一方、上流部の今日の青梅市西部から奥多摩町にかけては、江戸時代後期には三橋の

1-4-1　御岳万年橋『御岳山一石山紀行』より

1-4-2　神代万年橋『新編武蔵風土記稿』より

1-4-3　海沢万年橋『新編武蔵風土記稿』より

「万年橋」と呼ばれる橋が架けられていた。青梅市の神代《じんだい》万年橋、御岳《みたけ》万年橋、奥多摩町の海沢《うなざわ》万年橋の三橋である。これらは中下流部の橋と異なり、出水期渇水期に関係なく一年中渡れ、また長年流されることなく使えたことから万年橋と呼ばれた。

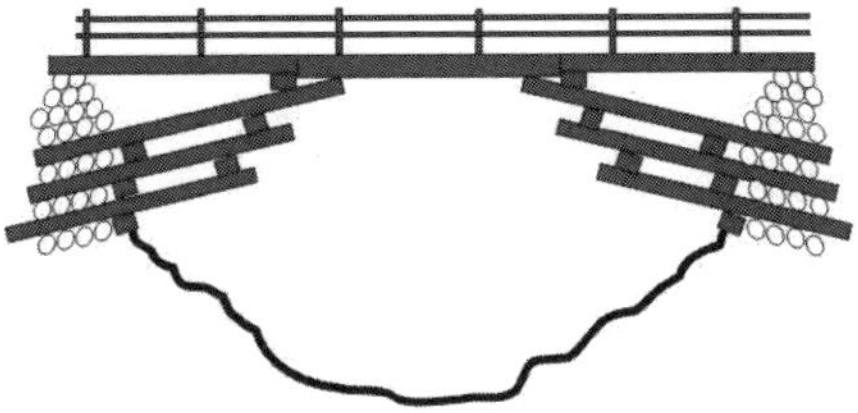

1-4-4　肘木橋構造略図

　ところで、江戸時代、全国に三奇橋《さんききょう》と呼ばれる橋があった。奇橋とは字のごとく、変わった橋、奇妙な構造の橋ということで、山口県岩国市の錦帯橋《きんたいきょう》、山梨県大月市の猿橋《さるはし》、富山県黒部市の愛本橋《あいもとはし》の三橋がこれに当たる。このうち錦帯橋の構造は木造のアーチ橋で、今も架け替えを経たものの、往時の姿を維持している。猿橋と愛本橋は共に渓谷部に架けられており、急流で河川中に橋脚を設置できなかったため、太い木材を両岸の岩壁に斜めに打ち込み、これを支えにさらに木材を重ねながら張り出し、その上に橋桁を渡す「肘木橋《ひじきばし》」と呼ばれる構造であった。猿橋は架け替えを経たものの、往時の姿を維持しているが、愛本橋は鉄橋に架け替えられ、現存しない。

　多摩川上流に架けられた三橋の万年橋の構造はいずれも、猿橋や愛本橋と同様の肘木橋であった。河川の中に橋脚が無く、奥多摩の急流でも流されることが無かったため、寿命は比較的長く概ね三十年程度であったと推測されている。

三橋のうち最も早く架けられたのは、御岳《みたけ》山《さん》への参道としての役割も担った御岳万年橋で、寛保三年（一七四三）の記録が残る。橋の長さは、御岳万年橋は二十一間（三十七・八メートル）、神代万年橋は十九間（三十四・二メートル）、海沢万年橋は十五間（二十七メートル）であった。前述した日本三奇橋の猿橋の橋長は十七間であったことを勘案すると、猿橋に引けを取らない奇橋が多摩川に複数存在していたことになる。

江戸時代後期、文化・文政年間に全国の地誌をまとめたものに、「新編風土記稿《しんぺんふどきこう》」という書がある。国ごとに調査され、この地域は「新編武蔵野風土記稿」としてまとめられた。また、明治十年頃の新政府による同様の地誌に「皇国地誌《こうこくちし》」がある。いずれも、村々の地形や名所旧跡などを細かく記載しており、絵図なども添付され、現在でも当時の橋の構造や規模を把握することができる。

これらから江戸後期から明治初期に、奥多摩の幹線道路である青梅街道や檜原街道には、現在の位置と概ね同位置に橋が架けられていたことがわかる。これらの橋のうち、青梅街道が日原《にっぱら》川を渡る氷川大橋や大丹波《おおたば》川を渡る大正橋（旧大橋）、檜原街道が秋川を渡る橘橋や沢戸橋など規模が大きな橋の構造も、猿橋や万年橋と同様に肘木橋であったとの記録が残されている。このうち最古の橋は、秋川の上流檜原村に架かる橘橋で、江戸時代前期の延宝六年（一六七八）に架橋された。江戸市内で隅田川最初の橋である両国橋の架橋が寛

1-4-5　西多摩最後の肘木橋（旧）沢戸橋（大正頃、秋川、あきる野市）

文元年（一六六一）であるから、ほぼ同時代に架けられていたことがわかる。これは、このように早い時期に、山村に大規模な橋を自前で架けるだけの経済力が既に蓄えられていたことの証しである。これらの橋の管理は村ごとに行われ、橋の構造上岩壁に打ち込む木には特に太い用材が必要であったことから、架け替えに備え巨木を育てるために、村によっては「橋場山《はしばやま》」という村管理の人工林を有していた。

これらの肘木橋の中には、秋川に架かる沢戸橋のように大正時代まで永らえたものもあるが、多くは、明治中期以降西洋の橋の技術が導入され、太い用材を必要としない木造のトラス橋やアーチ橋に架け替えられ姿を消した。しかし、次世代を背負った木造のこれらの橋も、自動車交通には耐えられなかったために存在した期間は短く、昭和になると道路改修に合わせ鉄橋やコンクリート橋へと架け替えられていった。

中下流部に橋が架けられていなかった江戸時代後期、上流部では奇橋が連続する国内屈指の橋梁群が造られていたのである。これらの橋を要として、奥多摩地域には既にほぼ現在の都道に相当する道路ネットワークが築かれていた。さながら、江戸時代の山岳ハイウェイのごとくである。

明治中期の多摩地域の地図を見ると、八王子、五日市、青梅などは町であるのに対し、立川も三鷹も武蔵野もまだ村であった。都心に近い多摩東部より山際の多摩西部の方がむしろ「街」であったのである。

これら山際の町の経済を支えていたのも、このように江戸時代以来、発達した山岳ネットワークがあったからこそであったのであろう。インフラの大切さを改めて考えずにはいられない。

# 2章 明治・大正の橋

# 1 渋沢栄一に救われた橋

## 常磐橋

長崎の眼鏡橋と同じような構造の石造アーチ橋が、東京にも架けられているのをご存じだろうか。四橋ほどある。最も古いのは、小石川後楽園にある円月橋《えんげつきょう》という橋である。水戸黄門が明《みん》からの亡命者の学者「朱瞬水《しゅしゅんすい》」に命じ架けさせたもので、池に映る姿が満月に見えることから円月橋と名付けられた。建設は十七世紀半ばと言われており、東京都が管理する橋の中で最古の橋でもある。他に明治二十二年に架けられた皇居正門石橋（二重橋）、明治四十四年に架けられた日本橋、そして明治十年に日本橋川に架けられた常磐橋《ときわばし》がある。この常磐橋は、明治の初めに新政府によって都心に多数架けられた石造アーチ橋の唯一の生き残りである。

文明開化の風の中、明治四年に新政府は、東京に石造アーチ橋を架けるために、現在の熊本県東陽村を拠点としていた、橋本勘五郎を棟梁とする肥後の石工《いしく》集団を呼び寄せた。勘五郎は、国の重要文化財に指定されている

熊本県の江戸期最大の石造アーチ橋である霊《れい》台橋《たいきょう》や、水路橋の通潤橋《つうじゅんきょう》の架橋にも加わった当代一の石橋職人であった。明治六年には

2-1-1　東京で最古の石造アーチ橋の円月橋（文京区）

2-1-2　架橋直後の常磐橋（明治10年、日本橋川、千代田区・中央区）

秋葉原の神田川に万世橋《よろずよはし》を、翌年には同じく神田川に浅草橋を架けた。これらの橋に用いられた石材は、明治になり破却された見附の石垣などの廃材を再利用したものであった。常磐橋も、水道橋にあった小石川御門の石垣を解体した石によって造られている。

以後、東京では、都心に明治七年に蓬莱橋《ほうらいばし》、八年に江戸橋、京橋、海運橋、九年に鍛冶橋《かじばし》、荒布橋《あらふばし》、緑橋、十年に常磐橋、桜橋、十一年に豊蔵橋、十三年に呉服橋の十三橋を、さらに市周辺部でも品川橋、王子の飛鳥橋、渋谷の宮益橋《みやますばし》、渋谷橋など多くの石造アーチ橋が架けられた。

このように、多くの石造アーチ橋が架けられたのは、新政府に薩摩藩出身者が多かったことが影響した。幕末、薩摩に調所広郷《ずしょひろさと》という家老がいた。彼は、西郷隆盛らが心酔した島津斉彬《しまづなりあきら》と対峙したことから時代劇では悪役として描かれることが多いが、破産状態にあった藩の財政を立て直し、倒幕できるだけの財力を蓄えた維新の影の立役者であった。彼のもう一つの功績は藩内のインフラを整備したことで、隣国肥後から前述した石工集団を呼び寄せ、多くの石造アーチ橋を架けさせた。特に名高いのは、鹿児島城下を流れる甲突川《こうつきがわ》に架けた西田橋などの五橋で、平成五年の鹿児島豪雨により二橋が流失するまで、約百五十年間にわたって鹿児島の道路交通を支え続けた。橋長はいずれも五十～六十メートルもあり、我が国で最大の大型石造アーチ橋群であった。他にも藩内の主要都市と鹿児島市を結ぶ街道に多くの石造アーチ橋を架けた。こ

2-1-3 （旧）万世橋（明治６年、神田川、千代田区）

2-1-4 （旧）蓬莱橋（明治７年、（旧）三十間堀川、中央区）

2-1-5 （旧）江戸橋（明治８年、日本橋川、中央区）

2-1-6 （旧）海運橋（明治８年、（旧）楓川、中央区）

2-1-7 （旧）京橋（明治８年、（旧）京橋川、中央区）

2-1-8 （旧）鍛冶橋（明治９年、（旧）外濠川、千代田区）

**明治初年に都心部に架けられた主な石造アーチ橋**

れにより、薩摩藩内には、大雨でも途絶えない堅固な道路ネットワークが築かれた。

新政府は、文明開化のイメージ戦略として石造アーチ橋を用いた。加えて実際にこれらを利用していた薩摩藩出身者の多くが石造アーチ橋は堅牢で維持管理費がかからないなど優れたインフラであるということを、そしてこれらを通して交通インフラの重要性を、認識していたことが強く影響したためであった。

さて、石造アーチ橋の構造は大きく分けて二種類ある。一つは皇居正門石橋や日本橋など西洋の技術で造られた西洋式の石橋で、もう一つは江戸時代初期に中国から伝わり、九州で技術を進化させた和式の石橋である。常磐橋は後者に当たる。石と石の接合面にモルタルを使わないことや、一個当たりの石が大きいこと、橋の裾が広がっていることなどが特徴である。

また、常磐橋は、橋上のデザインでも大きな特徴がある。親柱には大理石を用い、欄干は鋳物製というように西洋風である。さらに歩道と車道が分離されている。いかにも文明開化をイメージさせるいでたちである。

この橋は誰が架けたのだろうか。勘五郎は万世橋と浅草橋を架け終えた明治七年に郷里の熊本に帰っている。東京都公文書館が保管する常磐橋の工事書類には、茨城県の石工の名が残されていることなどから、前記の二橋以外の橋は、勘五郎が施工方法を教えた関東の石工たちによって架けられたと推測される。

なお、工事費は、前記書類に一万五一九四円(現在の価値で約七～八億円)と記載されており、

2-1-9 解体中の常磐橋のアーチ石。整形されていない石が用いられている

石橋はかなりの高額であったことがわかる。

　現在、常磐橋は東日本大震災の影響もあり、アーチの石組みに緩みが生じたため解体復元工事が行われている。先日、この工事現場を見る機会を得たが、アーチの石組みを見て驚いた。アーチの石は石垣の石を再利用したとしても、石の面と面がきちっと接するように整形して使用されたと思っていたが、違った。石垣の石をほぼそのまま用いており、石と石は面で接しておらず、中には石の角だけで接したものもあった。このような状態でも、アーチ形状を保持できているというのは驚きであり、また当時の石工の職人技にも感服した。石造アーチ橋を解体して復元するというのは、全国にも十を超える例があるが、再び河川内に戻すというのは、全国初の試みである。難工事であるが、無事竣工し以前のように優雅な姿を、そして文明開化の息吹を再び感じさせてもらいたい。

かつて常磐橋は、存続の危機があった。関東大震災で一部が被災し、さらに震災復興の都市計画では下流側に新橋が架けられ、不要となったからである。この危機を救ったのが、日本の資本主義の父と呼ばれる渋沢栄一であった。渋沢らの尽力により、常磐橋は見附の石垣とともに、昭和三年に国の史跡に指定された。地震で壊れた見附は復元されて公園として整備され、この費用を、昭和六年に亡くなった渋沢の意志を継いだ「渋沢青淵翁記念会」が提供した。さらに記念会は、常磐橋の修繕費の約半額の三千円（現在価値で約一千万円）の寄付を行い、これにより震災復興事業を統括する復興局もようやく石橋を存続させることを決めた。修復工事は東京市により行われ、昭和九年に完成する。

この公園は決して広いスペースではないし、常磐橋も大きな橋ではない。しかし、この空間には江戸から現代までの時間のうつろいが見える。幕臣として幕末を生き、そして財界人として明治・大正を生き日本の資本主義を築いた渋沢は、見附の石垣や常磐橋に己の生涯や江戸・東京の歴史を映し、次代まで伝えたいと考えたのかもしれない。公園には渋沢の銅像が立つ。今、その眼には、次代まで残す価値があるものとして、どれだけの東京の風景が映っているだろうか。

# 2 お雇い外国人と橋

明治初年、日本には「お雇《やと》い外国人」という技術者たちがいた。新政府は、近代化を図るため、欧米先進諸国からの技術導入を急いだ。このため、外国人の技術者を政府や民間はこぞって採用した。その範囲は、軍事から鉄道、土木、農業、教育、法律、外交など多岐にわたり、人数は明治前半で、官民合わせて二千五百人にも上っていた。政府は、例えば陸軍であれば当初は仏国で後には独国、鉄道であれば英国、医学であれば独国、北海道の開拓であれば米国からというふうに、各分野の先進諸国に的を絞り、技術の導入を図ったのである。彼らの給料は高額で、太政大臣の三条実美の月給が八百円であったのに対し、造幣寮長《ぞうへいりょうちょう》の英国人のウィリアム・キンダーは千円を超えていたと言われている。

土木では、河川や港湾はオランダ、橋は当初は英国で後には米国から技術者を招いた。河川・港湾では、港湾の近代化や砂防事業、木曽三川事業などに功績を残したデ・レーケやファン・ドールンが、橋では米国人のワデルや英国人のポーナルなどが名高い。

東京の橋でもお雇い外国人が活躍した。明治初年に東京市内の隅田川に架かっていた橋は、永代橋、新大橋、両国橋、吾妻橋の四橋であった。これらの橋は幕末から維持管理が滞っており、老朽化が進んでいた。明治になると、新政府はこの四橋について、現在の国土交通省に当たる土木寮で管理することを決め、明治八年には両国橋と永代橋を、明治九年には吾妻橋を架け替えた。

これらの橋の構造は、西洋式の方杖《ほうづえ》式の木橋で、支間長（橋脚と橋脚の間隔）は、江戸時代の橋の約二倍に伸びた。支間長が伸びれば橋脚の数は減り、舟運に支障とならないばかりか、大雨でも流され難くなる。欄干はX型で、トラス橋をほうふつさせるデザインとなった。

橋を設計したのは、オランダ人のリンドウであった。リンドウは明治五年にファン・ドールンが新政府の招請に応じて来日した時に、その補佐役として来日した。利根川や江戸川の測量を行うなど、主に関東地方の河川を調査した。彼が残した最大の功績は、我が国に初めて、土地の高さの基準となる「水位基準点」を設けたことである。

隅田川の中央大橋のすぐ下流に「霊岸島《れいがんじま》水位観測所」がある。ここは、明治六年にリンドウが、「荒川河口霊岸島量水標《りょうすいひょう》」を設置したことに始まる。当時は隅田川の正式名称は荒川で、ここはその河口であった。東京で道路などの高さを表す時には、正確にはＡＰ±

2-2-1　オランダ人のリンドウが設計した（旧）両国橋（隅田川、中央区・墨田区）

○○メートルと表記する。このＡＰとはArakawa Peilの略である。Peilとはオランダ語で「水準線」や「基準」を表す。ＡＰ±ゼロメートルはここで観測された最低水位をもとに定められている。東京の高さの原点、測量の原点がここにあるのである。

東京の橋で活躍したのは、オランダ人だけではない。これらより先の明治三年に、東京で初めての西洋式の鉄橋が皇居に架けられた。道灌堀《どうかんぼり》に架かる長さ七十三メートルの「山里《やまさと》の釣り橋」という橋で、鉄製の橋桁をレンガ造りの主塔から鋳鉄《ちゅうてつ》製のケーブルで吊った、英国の古いタイプの吊り橋に見られる、吊り橋と斜張橋を合わせたような構造であった。当時、ケーブルを使った吊り橋というのは、世界でも最新の構造であった。この橋の設計

2-2-2　東京初の鉄橋。皇居の道潅堀に架けられた（旧）山里の釣り橋

者は、銀座にレンガ街を造ったことで名高い、英国人（アイルランド人）ウォートルスで、橋も輸入されたものであった。

さて、明治の中頃、鉄道のトラス橋の輸入を巡って、日本の新聞紙上において、米英のお雇い外国人たちにより、自国のトラス橋の優位性について論争が勃発する。鉄道は、明治初年から英国人のお雇い外国人たちにより建設され、橋も英国型の鉄橋が架けられてきた。今日、北区の東十条駅前に架かる十条跨線橋は、明治二十八年に英国から輸入された東北線の荒川橋梁を、昭和六年に現位置へ移設し道路橋に転用したものであるが、国内の鉄道トラス橋の大半はこれと同型であった。しかし、英国技術陣の中心であったポーナルが帰国し、米国人のワデルが東京大学で橋梁工学を教え、米国タイプのトラス橋の優位性を唱えると状況は一変した。新聞の論争は、このような背景のもと起きた。結果は、これ以降輸入される鉄道橋は、徐々に米国タイプのトラス橋が席捲《せっけん》することとなった。この当時、鉄道庁長官は松本荘一郎が務めていた。

松本も東京の橋の歴史には欠かせない人物であるので、その経歴について触れたい。松本は、一八四八年に兵庫県に生まれ、東京大学前身の大学南校に入学、明治三年には成績優秀者として、初の政府留学生となり米国ニューヨーク州のレンセラー工科大学へ入学した。明治九年に帰国すると、東京府土木掛兼

2-2-3　都内唯一の英国式トラス橋の十条跨線橋（ＪＲ東北線、北区）

2-2-4　米国式トラス橋の例、村田川橋梁（千葉市）

2-2-5　松本荘一郎

2-2-6　移設前の（旧）弾正橋（亀島川、中央区）

2-2-7　弾正橋を移設した現在の八幡橋（江東区）

水道改正掛長に就任し、国産初の鉄橋である弾正橋《だんじょうはし》を設計している。この橋は、昭和四年に江東区の富岡八幡宮の裏の旧八幡堀へ移設され、現在も「八幡橋《はちまんばし》」と橋名を変えて現存している。昭和五十二年には、国産初の鉄橋であることが評価され、国の重要文化財に指定されるとともに、平成元年には米国の土木学会より国内で初めて「土木学会栄誉賞」を贈られた。なおこの橋の製作は、官営工場の一つである、港区の工部省赤羽製作所で行われた。ここでは門扉や工作機械などを主に製作し、橋では東京府が発注した高橋や浅草橋も製作している。

その後、松本は明治十一年には北海道開拓使御用掛に転じ、鉄道、港湾、市街地整備など北海道の土木事業最大の功労者となる。さらに明治十七年には、鉄道局の工部権大技長となり、東海道本線や東北本線の計画や建設に当たり、明治二十六年には井上勝に代わり鉄道庁長官に就任した。

この井上から松本への交代が、前述した英国型のトラス橋から米国型のトラス橋への転換に、大きな影響を与えたと言われている。井上は英国留学の草分けであり、一方、松本は米国留学の草分けで、それぞれが両国留学組のリーダー的存在であった。恐らく松本が鉄道庁長官に就いていなかったら、米国型のトラス橋は採用されず以後の日本の鉄道橋の構造は大きく違ったものになっていたことだろう。

現在、新興国へのインフラ輸出で、日本と中国がしのぎを削っている。明治にも同じような図式が、日本を舞台に展開されていた。そのセールスの最前線に、お雇い外国人たちは立っていたのである。

# 3 東京の近代橋梁の創始者

原口要

　東京の川下りは楽しい。私は日本橋川の川下りが特に気に入っている。江戸城の石垣や、石橋の常磐橋など、現代の東京の街に江戸や明治が生き続けているのを感じることができる。隅田川は様々な形の橋が架かることで有名であるが、日本橋川も負けじとバラエティーに富んだ橋が架かる。日本橋や震災復興で架けられた江戸橋や一ツ橋、豊海橋《とよみはし》など、橋マニアにはお奨めの川である。ただ一つ、上空を首都高が塞いでいることだけが恨めしく思われるが。

　さて、この日本橋川を下ると、レンガ造りの橋脚や橋台を持つ橋があることに気付く。このようなレンガ造りの構造物は橋の上からは見えない、船で橋の下から眺めて、初めて触れることのできる明治の技術である。そのうちの一橋が、江戸橋の下流に架かる鎧橋《よろいばし》である。この橋は太平洋戦争で米軍の空襲で被弾し損傷したことが原因で、昭和三十二年に現在の橋へと架け替えられた。しかし、橋台

2-3-1　（旧）鎧橋（明治21年、日本橋川、中央区）

2-3-2　鎧橋のレンガ橋台

は明治二十一年に建設されたレンガ造りのものが再利用された。年齢百二十八歳になる現在も重交通に耐え続けている。この橋台の設

2-3-3　原口要

計者は、東京府の技師長を務めた原口要《かなめ》である。東京の、いや日本の鉄橋の歴史は、彼によって幕が開かれた。

原口は、嘉永四年（一八五一）に長崎県の島原藩士の子として生まれた。明治三年に上京し、東京大学の前身である大学南校や開成学校に学び、明治八年には成績優秀者として米国留学を命じられた。米国ではニューヨーク州のレンセラー工科大学へ入学し、三年後になんと首席で卒業した。卒業後はまず、当時世界最大の吊り橋であったニューヨーク市のブルックリン橋の建設工事に従事し、その後、橋梁会社に入社して橋の設計や製作を行い、翌年には鉄道会社に転じ新線建設に主任技師として当たった。米国で日本人が主任技師となったのは原口が初めてであった。その後、明治十三年に帰国する。

この帰国は、東京府の松田知事から請われたもので、帰国と同時に東京府の技術系トップである技師長に就いた。東京府では、市区改正事業に携わり東京港築港計画などを立案した他、明治十五年には亀島川に東京で二橋目となる鉄橋の高橋を、十七年には神田川に浅草橋（＝口絵参照）を、二十年には隅田川に吾妻橋と柳橋を、二十一年には前記の鎧橋と立て続けに設計した。

前節で述べた松本荘一郎が設計した弾正橋は、米国のボーストリングトラス橋の標準設

2-3-4　（旧）高橋（明治15年、亀島川、中央区）

2-3-5　（旧）柳橋（明治20年、神田川、中央区・台東区）

計をほぼ写したものであったと言われている。それに対して原口は、橋の長さや幅など、橋ごとにその場所に合った設計を行った。また、高橋と鎧橋はホイップルトラス橋、浅草橋はボーストリングトラス橋、柳橋はダブルワーレントラス橋、吾妻橋はプラットトラス橋というように、実に多彩な構造の設計を行っている。これらは、原口の

2-3-6　原口要の代表作（旧）吾妻橋（明治20年、隅田川、台東区・墨田区）

技術力の高さを証明していると言えよう。

　その中でも特筆すべきなのが吾妻橋である。隅田川で最初の鉄橋で、橋の長さは約百五十メートルもあり、それまでの鉄橋と比べ、規模が格段に大きい国内最長の鉄橋であった。それまでの鉄橋が試験施工的であったのに対し、一挙に本格施工を成し遂げた鉄橋であった。橋の入り口の「橋門構《きょうもんこう》」は鋳物製の桜をあしらった化粧板で飾られ、その偉観は、東京の文明開化の象徴として、多くの錦絵や絵葉書などを飾った。

　明治十六年には、東京府に籍を置いたまま、鉄道庁工部技長兼任となった。それまで、鉄道建設は外国人に頼っていたが、原口が日本人として初めて技術系のトップとなった。まず、今日の山手線（品川～赤羽）や中央線な

2-3-7　原口要が耐震補強した揖斐川橋（揖斐川、岐阜県大垣市）

どの建設などを指導し、さらに東海道本線や東北本線、北陸本線など約五千キロメートルに及ぶ主要幹線の建設計画を立案した。これは、昭和初期までに建設された鉄道延長約一万キロメートルの半数に達するものであった。

鎧橋以外に、原口が残した仕事が現在も見られる箇所がある。岐阜県大垣市の揖斐《いび》川に架かる揖斐川橋である。この橋は明治十九年に東海道本線の橋として架けられたが、その後機関車が大型化し鉄道用の新橋が架けられたため、大正二年に道路橋へ転用され、現在は大垣市が管理している。東海道本線は、全線開通したのは明治二十二年であるが、明治二十四年に発生した内陸地震としては我が国最大のマグニチュード八・〇を記録した濃尾地震により、岐阜県内では長良川や木曽川を渡る橋が落橋するなど壊滅的被害を受けた。揖斐川橋も橋脚にひび割れが生じるなど被災した。

この地震を契機に、地震発生のメカニズムの研究と災害を防止するための対策などを目的として、各分野から専門家が集められ「震災予防調査会」が発足した。原口も鉄道を代表して委員として参加した。この調査会の報告書に揖斐川橋の復旧工事の概要書や図面がつづられている。概要書には責任者として原口の名が記載されており、これらから、原口が中心になって耐震補強が施されたことがわかる。

当時、揖斐川橋の橋脚は、基礎をレンガ造の井筒基礎《いづつきそ》で二本造り、それを地上部でレンガによりアーチ状に接続していた。濃尾地震では揺れにより、二本の井筒基礎が別々の動きをし、これに追随できずにアーチ構造が破損した。原口は、このアーチ部をさらにレンガで補強することや、鉄骨でつなぐなどの対策を行った。恐らく世界初の橋の耐震補強であると思われるが、以来百二十四年間生き続けているのである。

現在見ても、的を射た補強がなされている。原口の技術力の高さ、というよりむしろ凄さを見る思いがする。この橋は平成二十年に国の重要文化財に指定された。

明治の中期以降、日本は非西洋諸国で唯一、製鉄を除き橋の設計から施工まで自前で行う技術力を身に着けた。これには原口の指導が大きな役割を果たした。明治の前半、日本の他の産業や社会がそうであったように、橋の近代化も原口という、たった一本の糸に支えられていたのである。

もし彼がいなかったら、日本人の手による自前の橋の建設は大きく遅れていたことであろう。さらに東京では、彼により後継となる原龍太（東京府技師後に東京帝国大学教授）らの技術者が育てられ、国内の橋梁技術を牽引する近代橋梁設計の系譜が築かれた。この系譜は、以後、東京市の橋梁課などを経て、長年にわたり日本の橋梁技術を牽引することになる。

東京の近代橋梁は、永代橋などの震災復興に始まると思われている方も多いと思う。しかし、明治時代にこのように素晴らしい橋梁の創始者がいたことを、そして鎧橋が百二十八年後の現在も供用されているように、その技術の上に私たちが暮らしていることを一人でも多くの人に知ってもらいたいと思う。

# 明治の橋梁第二世代

4

原龍太

日本橋川の日本橋の一橋上流に西河岸橋《にしかしはし》という橋が架かっている。関東大震災の復興で大正十四年に東京市が架けた鉄の桁橋である。実はこの橋、国内でこの橋しかないという構造を持つ珍橋なのである。外見は何の変哲もない桁橋であるが、橋を下から覗くと外見とは異なりトラス橋であることに驚かされる。これも舟で川下りをしてこそ発見できる醍醐味である。さて、このような構造にしたのには当然理由がある。

その答えのヒントは、この橋の橋脚にある。下方に目をやると、この橋の橋脚がレンガ造りなのがわかる。この橋脚は旧橋のものを再利用したもので、明治二十四年に造られたものである。当時の橋は錬鉄製のボーストリングトラス橋という構造であった。この橋は関東大震災では落橋しなかったが、床は木造であったため火災の被害を受けて焼け、抜け落ちてしまった。しかし、橋脚は健全であったことから再利用された。旧橋はトラス橋で床

2-4-1　現在の西河岸橋。橋脚はレンガ造り。外側は桁橋であるが、内側はトラス構造

2-4-2　関東大震災で被災したボーストリングトラス橋の（旧）西河岸橋。床は木製だったため、焼失した

は木であるため、重量は比較的軽い。橋脚を再利用するに当たっては、新橋は重量を抑えるため主構造を軽いトラス構造とし、外側の橋桁だけは景観性なども考慮し桁橋を用いたのであろう。東京市の技術者の工夫の跡が見て取れる。

道路橋でレンガが使用されている橋は少ないが、鉄道では現在も全国至る所に使用されている。しかも明治期に整備された幹線ほど多く、東京でも山手線や中央線の主だった橋はレンガ製である。山手線の有楽町付近の高架橋は有名であるが、中央線の旧万世橋駅付近の高架橋は日露戦争当時のものであるし、同じく中央線の多摩川橋梁は明治二十二年に建設されたものである。このような橋を見ると、ローマの水路橋の例を出すまでもなく、レンガ造りというのは丈夫ということがわかる。

2-4-3　原龍太

さて、この明治二十四年の西河岸橋を設計したのは、東京市の技師であった原龍太であった。原は安政元年（一八五四）に、現在の福島市で藩に仕える医者の長男として生まれた。福島藩は戊辰《ぼしん》戦争で賊軍となったため、明治以降家族は各地を転々としている。苦学の末、明治八年に東京大学の前身である開成学校に入学し、明治十四年に東京大学理学部土木工学科を卒業した。成績は優秀で、同期の野村龍太郎（後に鉄道院副総裁や東京地下鉄

2-4-4 （旧）西河岸橋（日本橋川、中央区）

2-4-5 （旧）湊橋（日本橋川、中央区）

2-4-6 （旧）高橋（小名木川、江東区）

2-4-7 （旧）江戸橋（日本橋川、中央区）

2-4-8 （旧）万世橋（神田川、千代田区）

2-4-9 （旧）豊海橋（日本橋川、中央区）

**原龍太や金井彦三郎が設計した主な橋**

| 製作会社他 |
|---|
| 不明 |
| 不明 |
| 赤羽製作所　日本初の国産橋 |
| 赤羽製作所 |
| 赤羽製作所 |
| 浦賀工廠 |
| 石川島造船 |
| 浦賀工廠 |
| |
| 石川島造船 |
| |
| 三田機械製造 |
| 石川島造船 |
| 石川島造船 |
| 浅草橋を移設 |
| 石川島造船　日本初の鋼鉄橋 |
| 石川島造船 |
| |
| 石川島造船 |
| |
| |
| |
| |
| 富岡鉄工所 |
| |
| |
| |
| 芝浦製作所 |
| |
| |
| |
| |
| |
| 石川島造船 |
| |
| |
| |
| 国産製鉄使用 |
| |
| |
| |
| |
| |
| |
| |
| 橋鉄工所 |

道株式会社社長などを歴任）と白石直治（後に東京帝国大学教授、関西鉄道会社社長などを歴任）と共に理系の三秀才と呼ばれた。

松本荘一郎や原口要らの文明開化の第一世代は、専門技術を取得するには海外留学しか道が無かった。しかし、原の世代になると、教育制度が整えられていた。開成学校は、原が入学した二年後の明治十年に、東京医学校と合併して東京大学となる。法、理、文、医の四学部で、理学部の中に工学科があり、工学科は四年次に土木工学と機械工学の専門に分かれた。原は、明治十年に出来たばかりの東京大学理学部へ入学する。つまり、原は大学という最高の専門教育を四年間受けた最初の学年であった。

原は卒業後すぐに東京府に入り、まず馬車鉄道の軌道敷設を行い、明治十九年には管理職である技師へと昇進した。その後、明治二十年に架けられた吾妻橋で、原口要の設計補助と現場の監督を行っている。これを機に、原はその後東京府を退職する明治四十年まで二十年間にわたり、東京の橋梁建設の中心を歩くことになる。左表は、明治時代に東京市に架けられた鉄橋の一覧である。原はこのう

## 2-4-10 明治時代に東京に架けられた鉄橋

| 架設年 | 橋　名 | 構造形式 | 橋長(m) | 河川等 | 設　計　者 |
|---|---|---|---|---|---|
| 明治3年 | 山里の釣り橋 | 吊り橋 | 73 | 道潅堀 | ウォートルス（英国） |
| 明治4年 | 新橋 | I形桁橋 | | 汐留川 | |
| 明治11年 | 弾正橋 | ボーストリングトラス橋 | 15.8 | 楓川 | 松本荘一郎 |
| 明治15年 | 高橋 | ホイップルトラス橋 | 48.5 | 亀島川 | 原口要 |
| 明治17年 | 浅草橋 | ボーストリングトラス橋 | 24.9 | 神田川 | 原口要 |
| 明治20年 | 柳橋 | ダブルワーレントラス橋 | 26 | 神田川 | 原口要、倉田吉嗣 |
| 明治20年 | 吾妻橋 | プラットトラス橋 | 148.8 | 隅田川 | 原口要、原龍太、倉田吉嗣 |
| 明治21年 | 鎧橋 | ホイップルトラス橋 | 56.7 | 日本橋川 | 原口要、倉田吉嗣 |
| 明治21年 | 浜川橋 | I形桁橋 | 8.4 | 立会川 | |
| 明治24年 | お茶ノ水橋 | 上路式プラットトラス橋 | 69.8 | 神田川 | 原龍太 |
| 明治24年 | 西河岸橋 | ボーストリングトラス橋 | 51.6 | 日本橋川 | 原龍太 |
| 明治25年 | 和泉橋 | アーチトラス橋 | 23.6 | 神田川 | 原龍太、金井彦三郎 |
| 明治26年 | 厩橋 | ホイップルトラス橋 | 156.7 | 隅田川 | 倉田吉嗣、岡田竹五郎 |
| 明治28年 | 湊橋 | ボーストリングトラス橋 | 32.9 | 日本橋川 | 原龍太、金井彦三郎 |
| 明治30年 | 美倉橋 | ボーストリングトラス橋 | 25 | 神田川 | 原龍太、金井彦三郎 |
| 明治30年 | 永代橋 | プラットトラス橋 | 182.2 | 隅田川 | 倉田吉嗣 |
| 明治31年 | 浅草橋 | アーチ橋 | 24.9 | 神田川 | 原龍太、金井彦三郎 |
| 明治31年 | 御殿山橋 | I形桁橋 | | JR東海道線 | 岡田竹五郎 |
| 明治32年 | 新橋 | アーチ橋 | 23.3 | 汐留川 | 原龍太、金井彦三郎 |
| 明治32年 | 品川橋 | 不明 | 24 | JR東海道線 | 藤農之 |
| 明治33年 | 高橋 | アーチ橋 | 29 | 小名木川 | 原龍太、金井彦三郎 |
| 明治33年 | 朝日橋 | I形桁橋 | 26.5 | 三十間堀川 | 原龍太、金井彦三郎 |
| 明治34年 | 江戸橋 | アーチ橋 | 38 | 日本橋川 | 原龍太、金井彦三郎 |
| 明治34年 | 京橋 | アーチ橋 | 18 | 京橋川 | 原龍太、金井彦三郎 |
| 明治34年 | 佐久間橋 | アーチ橋 | | 秋葉原運河 | 日本鉄道㈱ |
| 明治34年 | 左衛門橋 | プラットトラス橋 | | 神田川 | 原龍太、金井彦三郎 |
| 明治35年 | 品川橋 | I形桁橋 | 18.2 | 目黒川 | 原龍太 |
| 明治36年 | 万世橋 | アーチ橋 | 25 | 神田川 | 原龍太、金井彦三郎 |
| 明治36年 | 巣鴨橋 | I形桁橋 | 47 | JR山手線 | 日本鉄道㈱ |
| 明治36年 | 駒込橋 | I形桁橋 | 45 | JR山手線 | 日本鉄道㈱ |
| 明治36年 | 豊海橋 | トラス橋 | 40 | 日本橋川 | 原龍太、金井彦三郎 |
| 明治37年 | 桜橋 | ボーストリングトラス橋 | 30.9 | 桜川 | 原龍太、金井彦三郎 |
| 明治37年 | 二ノ橋 | I形桁橋 | | 竪川 | 原龍太、金井彦三郎 |
| 明治37年 | 両国橋 | プラットトラス橋 | 165 | 隅田川 | 原龍太、金井彦三郎、安藤広之 |
| 明治36年 | 宮下橋 | I形桁橋 | 32 | JR山手線 | 日本鉄道㈱ |
| 明治37年 | 土橋 | I形桁橋 | | 汐留川 | |
| 明治37年 | 数寄屋橋 | I形桁橋 | 44 | 外濠 | 朝比奈工学士 |
| 明治37年 | 龍閑橋 | I形桁橋 | 9 | 龍閑川 | |
| 明治41年 | 水道橋 | 鋼鈑桁 | 18 | 神田川 | 後藤敬吉 |
| 明治41年 | 飯田橋 | ボーストリングトラス橋 | 18.5 | 外濠 | |
| 明治41年 | 出雲橋 | I形桁橋 | 67.7 | 三十間堀川 | |
| 明治44年 | 鞍掛橋 | 鋼鈑桁 | 13 | 浜町川 | 市川忠一 |
| 明治44年 | 九道橋 | 鋼鈑桁 | 11 | 龍閑川 | 樺島正義、田村与吉 |
| 明治44年 | 吉野橋 | | | | 細井精一郎 |
| 明治45年 | 今川橋 | 鋼鈑桁 | 11 | 龍閑川 | 樺島正義 |
| 明治45年 | 新大橋 | プラットトラス橋 | 173.4 | 隅田川 | 樺島正義 |

※弾正橋（現八幡橋）、両国橋（現南高橋）、新大橋（明治村）の橋桁の一部は移設され現存

ち、隅田川への二橋の架橋に加え、日本橋川や神田川のほとんどの架橋に関わっており、個人としては最多の十九橋にも及んでいる。明治の東京の橋は原が造り上げたと言っても過言ではないほどである。その結果、明治末には「日本一の橋梁の大家」と呼ばれるに至った。

あまたあるこれらの橋の中から代表作を二橋挙げる。お茶の水橋は、明治二十四年に架けられた国内初の錬鉄製の上路式プラットトラス橋で、橋長は六十九・八メートルであった。また浅草橋は国内初の鋼鉄製のアーチ橋であった。吾妻橋のような橋の上に鉄材が高く出る下路式のトラス橋は、橋を歩く時にまるで檻に入っているようだと、東京市民の評判は芳しくなかった。それに対して、この二橋は橋上に鉄材が無いために、眺望が阻害されず好評を博した。特に、アーチ橋は曲線が造り出す外観も美しく、都市景観に調和するということで、以後、都市内に建設される「市街橋」としては最も望ましい橋梁構造という概念が定着していった。

これ以後、原はこのようなことを反映し、新橋、京橋などアーチ橋を多く建設した。なお、この当時のアーチ橋にはスパンドレル（側面）に、鋳物製の飾り板が設置されていた。浅草橋であれば、麻の葉と花をモチーフにした模様であり、江戸橋や万世橋では桜をモチーフにした模様であった。これらはこの時代だけに見られるデザイン上の大きな特徴である。これらのデザインは、東京府の土木職の役人ではなく、また後の日本橋や新大橋

2-4-11　原龍太の代表作（旧）御茶ノ水橋（神田川、千代田区・文京区）

2-4-12　原龍太の代表作（旧）浅草橋（神田川、中央区・台東区）

のように建築職の役人や建築家が行ったのでもなく、主に辺山常吉という市中の職人に任せていた。

その後、原は明治三十二年に工学博士を授与される。明治四十年に東京府を退職し、直後に横浜市水道局の技師長に就き、明治四十三年には東京瓦斯《ガス》株式会社の嘱託に就いている。

また、原は優秀な技術者という以外に、この当時の高官の多くがそうであったように、もう一つの側面を持っていた。それは優れた教育者としての顔である。東京府に籍を置いたままで、明治二十一年には攻玉社工学校教授に、明治二十八年には第一高等学校講師に、次いで明治三十二年には東京帝国大学教授に就任し、多くの技術者を育てた。特に攻玉社工学校の教え子であった金井彦三郎は、その後東京府や東京市を通じて共同で多くの橋の建設を行った名パートナーとなった。

原は国内で最高の橋梁技術者であり、しかもそれは現場を知る実地体験により裏付けられたものであった。授業は示唆に富み、たいへんスリリングなものであったと推測される。原は攻玉社の『同窓会誌』の中のコラムで、「初心土木学者に注意」という題目で、「実地を先にし理論を後にせよ」と実地体験の重要性を説いている。しかし、現代の土木工学の教育で、この点が最も欠如しているように思えてならない。原らの授業が聴けた明治時代の学生が羨ましく思われる。

# 5 新技術への挑戦者

倉田吉嗣

江戸時代、北多摩地域の玉川上水を始めとする水路には石の桁橋が架けられていた。これらの石橋は明治、大正の時代になると、どのように変わっていったのだろうか。

大正十二年に出版された『西多摩郡名勝誌』という本に、一枚の石造アーチ橋の写真が載っている。橋の名は「牛浜橋」で、五日市街道が福生市内で玉川上水を渡るところに架けられていた。都心部に文明開化の象徴として石造アーチ橋が多く架橋された頃と同時期の明治十年に架けられ、多摩地域では唯一の「眼鏡橋」であった。この橋は昭和五十一年まで現存し、多摩地域の幹線道路の一翼を担っていた。

この橋について福生市立図書館で調べていた時に、さらに一枚の古い写真を見つけた。橋は均整のとれたレンガアーチ橋で、日光橋と書かれていた。この橋は明治二十四年に国道一六号の旧道が玉川上水を渡る箇所に架けられた橋で、管理する福生市へ問い合わせる

2-5-1　（旧）牛浜橋（明治10年、玉川上水、福生市）

と、昭和二十五年にコンクリートアーチ橋に架け替えられたとのことであった。しかし、現地へ行って驚いた。橋を下側から覗くと中央部分にしっかりとレンガ橋が残っているではないか。レンガ橋を挟んで両側にコンクリート橋を拡幅したため、架け替えられたと思われてきたのである。明治二十四年完成と言えば、道路のレンガアーチ橋としては、多摩はもとより国内でも最古となる。

レンガアーチ橋というのは、鉄道では国内に数百橋も現存しているが、道路橋はわずか三十五橋ほどしかない。このうち、多摩地域には玉川上水などに七橋現存しており、国内では最大の群を形成している。北多摩地域では明治・大正になり、石の桁橋からこのようなレンガアーチ橋へ架け替えられていったのである。

日光橋については、写真に加え、架け替えを記した『日光橋煉瓦《れんが》橋架替書類』も残され

2-5-2　架橋当時の日光橋（明治24年、玉川上水、福生市）

2-5-3　現在の日光橋

2-5-4　現在の日光橋の内部。昭和25年にレンガアーチ橋の両側にコンクリートアーチ橋を架橋し拡幅

ている。この書類には、当時多摩地域を治めて道路の管理者であった神奈川県と、玉川上水の管理者である東京府との架け替えに至る調整経過や、工事費、材料や単価、レンガの購入先などの工事全般にわたる詳細が記載されており、明治中期の橋梁工事を知る上で貴

重な資料となっている。

資料には興味深い記載がある。使用材料の中に「中間コンクリート」とある。「中間コンクリート」とは、アーチの内部を埋めたコンクリートのことである。これからレンガを使用したのは外側だけで、内部はコンクリート造りであったことがわかる。外見上はレンガアーチ橋であるが、構造的にはコンクリートアーチ橋と言える。

2-5-5　倉田吉嗣

この資料から日光橋の設計者も判明した。橋の架け替え工事は東京府が施工して、設計は東京府の技師倉田吉《よし》嗣《つぐ》が行っていた。セメントは明治当初高価なものであったが、浅野セメントの工場が稼働し、国内の生産が軌道に乗った明治二十三〜二十四年頃になると、価格が大幅に下がり、ようやくコンクリートとして土木工事にも用いられるようになった。日光橋の工事はこの時期に合致する。恐らく橋の本体構造にコンクリートを使用した国内最初の橋であったと思われる。日光橋の構造は、最先端を行くものだったのである。

さて、この橋を設計した倉田は、安政元年（一八五四）に長崎市に生まれた。戊辰戦争では官軍の一兵として東北地方で交戦も経験している。その後、明治八年に東京大学の前身である開成学校に入学し、明治十三年に東京大学理学部土木工学科を卒業した。卒業後、

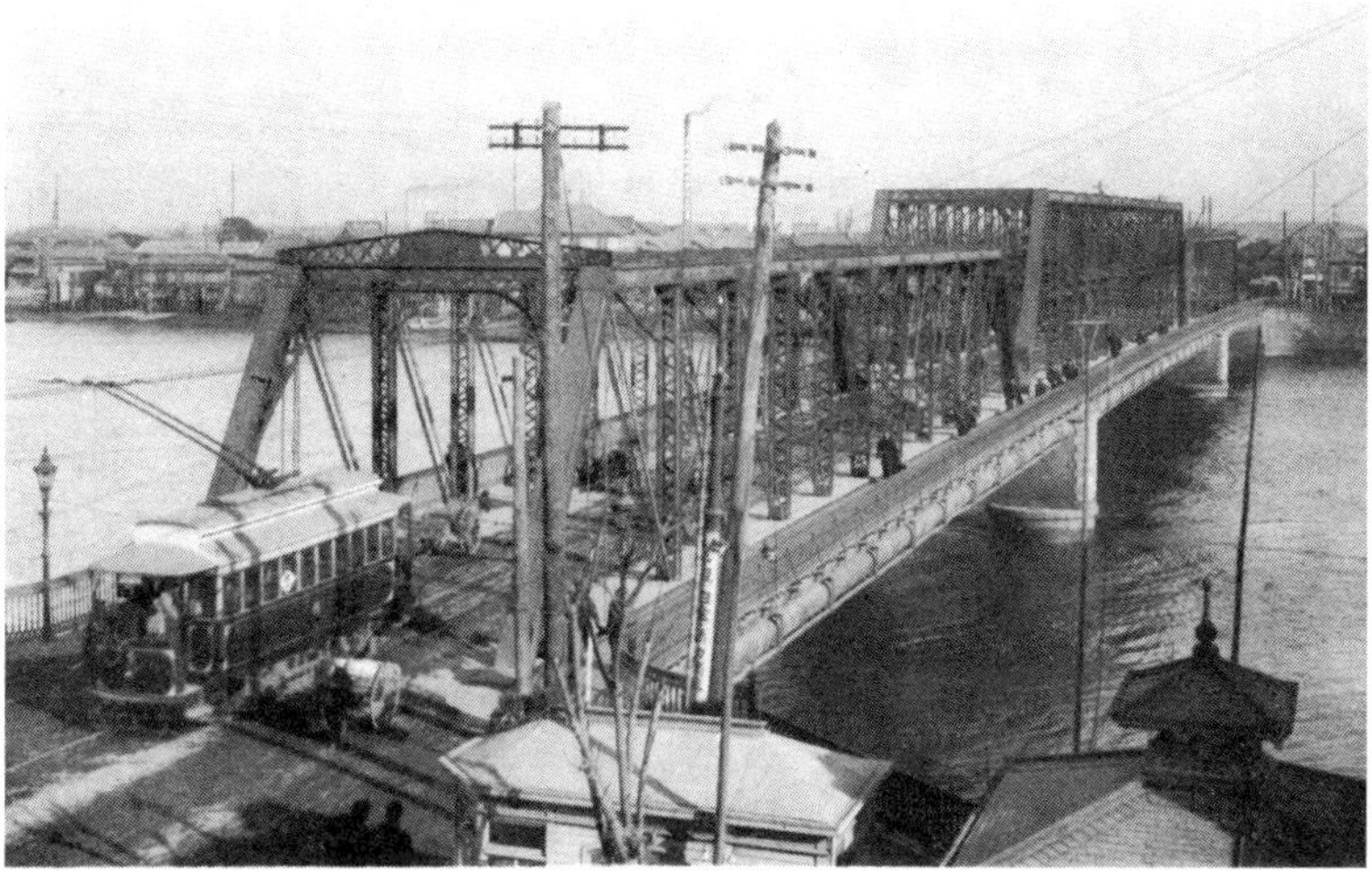

2-5-6　(旧) 厩橋 (隅田川、台東区・墨田区)

農商務省で主に各地の測量に従事した後、原口要に誘われ明治十六年に東京府へ入庁した。これは兼任する鉄道関係の仕事が忙しくなった原口要が、東京府の仕事の後任を倉田に任せるためであったと言われている。

倉田は、原口が設計した柳橋、吾妻橋、鎧橋で設計の補助をした後、明治二十三年には東京市水道改良工事の設計と監督を命じられている。前記の日光橋の設計はこの時期に当たる。明治二十六年には隅田川で二例目の鉄橋となる厩橋《うまやばし》の設計を、明治三十年には永代橋の設計を行った。これ以外にも市区改正事業や東京港築港など、橋梁事業だけにとどまらず幅広いインフラ建設に従事し、明治二十九年には内務部第二課長となり、明治三十二年には工学博士を授与された。さらに原龍太

2-5-7　我が国で初めて鋼鉄を使用した（旧）永代橋（隅田川、中央区・江東区）

と同様に、教育にも熱心に取り組み、明治十八年から攻玉社工学校の教授、明治二十一年から東京帝国大学講師も兼任している。

このような倉田の代表作と言えば永代橋である。永代橋は、明治三十年に木橋から鉄橋へ架け替えられた。それまでの国内の鉄橋は材料に錬鉄《れんてつ》を使用していたが、永代橋は道路橋で初めて鋼鉄を使用した。鋼鉄は錬鉄に比べ、強度が高く粘り強さもあることから橋の材料に適しており、現在では全ての鉄橋が鋼鉄製である。しかし当時は価格も高く、世界的に見ても、まだ橋などの構造物に使用するというのは一般的ではなかった。例えば、永代橋の数年前に建てられたパリのエッフェル塔は錬鉄を使用していた。

また、橋桁を支える橋脚にも工夫がなされ

た。大型橋梁の橋脚は、基礎をレンガ造の井筒基礎で二本造り、それを地上部でレンガによりアーチ状に接続するのが一般的であった。しかし、三節で述べたように、国内最大の地震であった濃尾地震では、揺れにより東海道本線の橋の橋脚の二本の井筒基礎が別々の動きをし、これに追随できずにアーチ構造が破損した。これを教訓として、永代橋ではレンガのアーチ構造に代わり、引っ張りや曲げに強い鋼材でつなぐ対策が取られた。この対策が正しかったことは二十五年後の関東大震災で証明された。アーチ状に接続していた吾妻橋は橋脚に亀裂が入ったが、永代橋は地盤がより軟弱であるに

2-5-8　（旧）吾妻橋橋脚。２本の橋脚（井筒）をレンガアーチで接続している

2-5-9　（旧）永代橋橋脚。２本の橋脚（井筒）を鋼材で接続している

もかかわらず橋脚の被害は無かった。

倉田が行ったこれらの例だけではなく、明治の技術者たちは技術に関する情報も少なく、その手法も手探りの中、新技術や新工法に果敢にチャレンジしている。そして、それが後年の技術の発展に寄与することも多かったのである。倉田ら明治の技術者たちには、明治という時代の気風だけでは片づけてはいけない、技術者としての本来の使命感のようなものを感じる。それに対して私たち現代の技術者は経済性や過去の実績に縛られ、チャレンジすることに慎重に、もしかしたら臆病になりすぎてはいないだろうか。

# 6 私学のダイヤモンド

## 金井彦三郎

震災復興で、隅田川に架けられた橋については、多くの工事記録が残されている。これらの中から各橋の工事費を見てみると、清洲橋が最高で三百万円、永代橋が二百八十万円、言問橋《ことといばし》や蔵前橋や駒形橋がいずれも百八十万円、最低額は両国橋で八十六万円である。言問橋と両国橋は、いずれも鋼鉄製のゲルバー桁橋であり、橋長も幅も概ね同じであるのに工事費に倍の開きがある。これは両国橋が、明治三十七年に架けられた旧橋の橋脚や橋台を再利用したからである。つまり両国橋の一部は建設以来百十年間も、東京有数の幹線道路の交通を支えてきたことになる。

両国橋は、関東大震災では歩道の一部が焼け落ちたものの、橋脚や橋台には被害が無かった。このため、震災復興で橋の幅を拡げるに当たり、橋脚や橋台は補強し使用されたのである。

この両国橋の橋脚と橋台を設計したのは、東京市の金井彦三郎であった。なお、両国橋

2-6-1　（旧）両国橋（隅田川、中央区・墨田区）。この橋の橋脚と橋台は補強され今も現役で使用されている

2-6-2　金井彦三郎

の橋桁の一部は移設され現在も中央区道の南高橋として供用されている。この橋桁は同じく東京市の安藤廣之が設計し、また橋全形の構造は原龍太が決めた。

明治時代に隅田川に架けられた橋の設計者は、吾妻橋（明治二十年）は原口要と原龍太、厩橋（明治二十六年）は倉田吉嗣と岡田竹五郎、永代橋（明治三十年）は倉田吉嗣、新大橋（明治四十五年）は樺島《かばしま》正義である。

原口は、米国留学を経て帰国後東京府の技術系のトップである技師長で迎えられ、後に我が国初の工学博士を授与されている。原と倉田の二人はいずれも東京大学出身で、東京府に入り時を経ず管理職である技師に昇進し、後に二人とも工学博士を授与されている。岡田も東京大学出身で後に鉄道省技監になり、

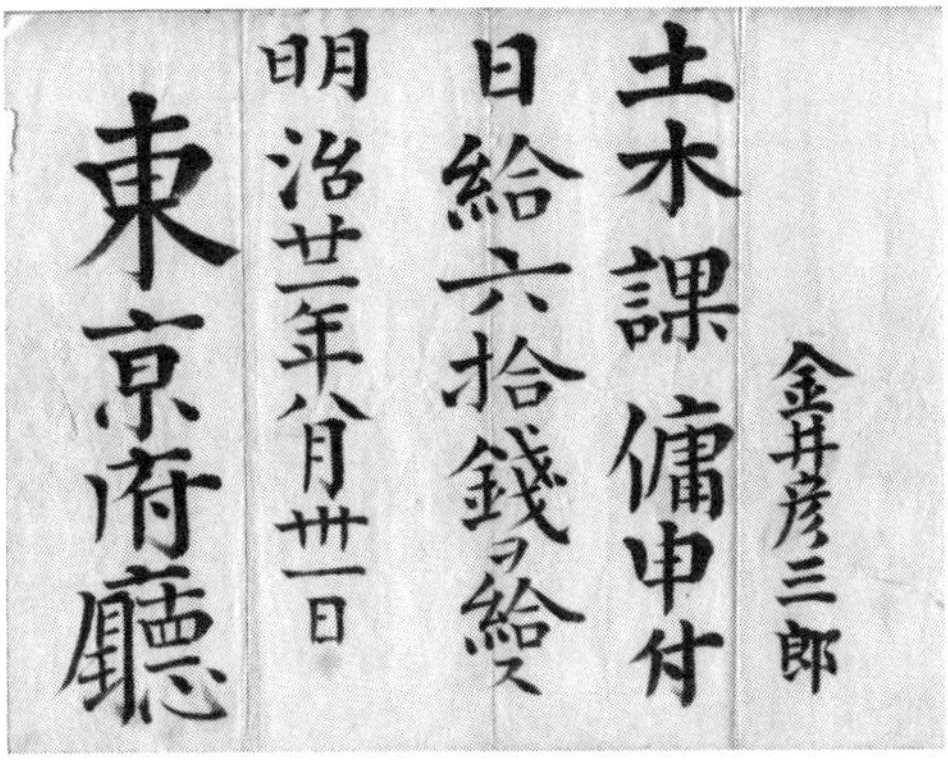
金井彦三郎
土木課傭申付
日給六拾銭ヲ給ス
明治廿一年八月廿一日
東京府廳

2-6-3　金井彦三郎の東京府採用辞令（雇い）

工学博士を授与されている。樺島も東京大学出身で、卒業後米国の橋梁会社勤務を経て東京市の初代橋梁課長となり、退職後に我が国初の橋梁設計会社を興している。いずれも、我が国の橋梁技術をリードしたエリート技術者たちであった。

一方、金井の経歴は、前記の設計者たちとはかなり異なる。私の手元には、三年程前に青砥駅近くの古本屋の店頭で偶然見つけた、金井の卒業証書や約四十年間の役所での異動辞令のつづりがある。これをもとに金井の経歴を追ってみたい。

金井は、慶応三年に岐阜県の岩村藩の十六石取りという下級武士の家に生まれた。四歳で父を亡くしてさらに廃藩置県で禄を失い、直後一家で上京した。苦学して私学の攻玉社

工学校に学び、そこで教鞭を執っていた倉田吉嗣の目に留まり、推薦を受けて明治二十一年に二十一歳で東京府に採用された。しかし、大学や高等工業学校出身でないため、最も職層の低い日給六十銭の「雇い」という、今日でいう非正規並みのスタートであった。

当初は、水道の建設を担当したが、能力を買われ、翌年に正規職員の「技手《ぎて》見習い」となると、主に原龍太の下で、橋の設計や監督に携わるようになる。東京一の支間長（四十五・七メートル）を誇ったトラス橋のお茶の水橋（明治二十四年完成）の監督や設計補助を手始めに、新橋、江戸橋、湊橋、京橋、万世橋など、鉄橋の黎明期である明治二十～三十年代に、東京に架けられたほぼ全ての鉄橋の建設に関わることになる。これらの橋は、形や構造は原が決定し、構造計算や製図などの設計の実務は金井が行った。金井が担当した橋で、特筆すべきなのは日本初となるアーチ橋の浅草橋（明治三十一年完成）の設計である。実際に見たこともなかったアーチ橋を、『バーの橋梁編』という英字本だけを頼りに、金井が独学で設計を行ったことが記録に残されている。

この間、明治二十四年には係長に当たる「技手」に昇格している。やがて、明治三十年に東京市内の土木行政が府から市へ移管されるに当たり東京市へ移り、翌年には技師に、明治三十三年には工務課長へ昇進した。技師や課長は東大出しかなれないと言われた時代に異例の出世であった。

その後、明治三十九年に東京府の先輩であ

2-6-4　金井が工事主任を務めた架橋直後の有楽町付近のレンガ高架橋

った岡田竹五郎の誘いで、土木技術の最高峰であった鉄道院へ転身し、現在も残る新橋〜神田駅間のレンガ高架橋工事に主任技師として従事した。特に東京駅の建築工事では、辰野金吾が設計した基礎構造を、金井はその大半について変更を行った。近年の東京駅の改造工事で、地下から密《みつ》に配置された大量の松杭が出土した。この松杭こそが、金井が設計を変更して配置したものである。ちなみに、関東大震災では、米国人が設計し、当時最先端の建築と言われた旧丸ビルには多数の亀裂が入ったが、対面にある東京駅は対照的に、ひび一つ入らなかったという。東京駅建設では、土木技術者らしく、まさしく縁の下の力持ちの役割に徹したのである。

大正十年に、鉄道院を退職後は、全国各地

2-6-5　松齢橋（阿武隈川、福島市）

から声が掛かり、現在の東京東部の水道に当たる江戸川町水道、新潟県長岡市の水道、福島市の水道などの設計を手掛けた。このうち、福島市では、大正十四年に開通した松齢橋《しょうれいばし》の設計と監督も行った。これが橋としては最後の作品となった。この橋は、東日本大震災でも損傷は受けず、現在も福島市で供用されている。

後に復興局土木部長の太田圓三《えんぞう》は、関東大震災で東京の橋の被害が軽微であったことについて、「東京に於ける橋梁の工事が比較的入念に出来ていたこと」を理由に挙げている。日本は、明治時代にはほとんど海外の物まねでインフラを造ってきた。しかし、モデルとした欧州や米国には耐震という概念がない。金井はどのようにして耐震技術を身に着けたのか、記述は残されていない。もし彼がいなかったら、関東大震災で、橋や東京駅の被害はもっと拡大していたことは、疑う余地の無いことである。東京駅を設計した辰野金吾は、多くの人が知る建築界の大スターであるが、土木技術者金井を知る人はほとんど皆無であろう。東京を築いた、こんな素晴らしい先人がいたことを、私たちはもっと誇りにすべきではないだろうか。

さて、金井は明治三十三年から攻玉社工学校で教鞭も執り、生涯で十九冊の本を執筆している。このように多くの本を執筆した土木技術者は、我が国では他にいない。執筆した理由は、土木工学を学びたくても、学校で学ぶ時間も無く学費も払えない貧しい若者に、技術を教えるためであったと言われている。

金井は大正十年に攻玉社工学校の校長に就任するが、生涯博士号は得られなかった。しかし、逝去した際、金井の訃報を伝えた土木雑誌は、彼のことを「私学のダイヤモンド」と称えた。多くの土木技術者が、金井の土木技術者としての、そして教育者としての業績の偉大さを知り得ていたからであったろう。

# 7 奥多摩に架けられた日本一の橋

明治末に、西多摩郡を訪れた鉄道省工務課長の国添新兵衛が、多摩川に架かる橋を見て発した言葉が残されている。「僕はこの間、青梅町に行って恐ろしく無鉄砲な橋を見たよ。然しながらなかなかしっかりした考えのもとに工事されている」。

この橋は、現在青梅市内で国道四一一号が多摩川を渡るところに架かる万年橋の三代前の旧橋のことである。橋は明治三十年に架けられ、構造は木造アーチ橋。橋長は八十九メートル、支間長は七十四メートルで、奥多摩の渓谷をアーチで一跨ぎする、当時日本最長の支間長を誇る橋であった。この橋の設計者は前節で述べた金井彦三郎である。「しっかりした考えのもと工事がされていた」のは道理である。

国内の木造アーチ橋の施工例はたいへん少ない。江戸時代には、山口県岩国市の錦帯橋の他、わずか三橋が架けられたのみである。これらの橋は、我が国で肘木橋から独自に技

2-7-1 国内最長の木造アーチ橋であった（旧）万年橋（明治30年）

術を進歩させた和式のアーチ橋であった。明治になると、西洋の橋梁技術が導入され、西洋式のアーチ橋が架けられるようになったが、明治を通じ全国で架けられたのは、わずか四十橋ほどとやはり少なかった。しかもこのうち、栃木県の足尾鉱山関係の橋が十五橋を占めていた。少なかった理由は、施工がたいへん面倒であったからで、特にアーチの曲線を造り出すためには、大きな蒸し器で板を蒸し、それを曲げて何枚も重ね合わせるなどの複雑な手順を要した。このような状況から、大正後期になり鉄橋が架けられるようになると、以後の施工はパッタリと無くなった。

その後、時代は大きく下り一九九〇年代になると、ヨーロッパの影響から、外国産の木材であるボンゴシなどを用いて、アーチ橋や斜張橋などを造る「近代木橋」と呼ばれる木橋建設がブームとなり、お台場の潮風橋など全国に五十橋ほどのアーチ橋が架けられた。前述した万年橋の支間長七十四メートルは、これら平成の橋を加えても、我が国に架けられた木造アーチ橋で最長のものであった。

さて、木造アーチ橋の万年橋の寿命は短く、十年後の明治四十年には支間長七十五・八メートルの鋼鉄製のアーチ橋に架け替えられた。この鉄橋は、当時全国に架けられていた全ての鉄橋の中で最長の支間長を誇るものであった。この鋼鉄の万年橋はその後揺れが大きくなったために、昭和十九年に鉄の周りにコンクリートを巻いて補強し、鉄骨コンクリート橋へと姿を変えた。この橋もコンクリートアーチ橋として、全国で最長の支間長を誇った。

つまり、万年橋は、木造アーチ橋、鋼アーチ橋、コンクリートアーチ橋と三代、三種類の構造で日本一となったのである。

この鉄橋が架けられた明治四十年当時、八幡製鉄所が本格的に稼働していなかったために、鉄はまだ国産化できず貴重品であった。このため鉄橋は、東京市の都心でさえわずかで、多摩川の中下流部にも無かった。そのような中、奥多摩に日本一の鉄橋が架けられたのはなぜか。それを解明するには、地図上の視点を橋という点ではなく、道路という線に広げて考える必要がある。

青梅市街から北へ通じる主要地方道青梅・秩父線に、吹上《ふきあげ》トンネルというトンネルがある。現在のトンネルは、平成六年に開通したものであるが、その上方には昭和二十八年に

2-7-2　国内最長の鉄製アーチ橋であった（旧）万年橋（明治40年）

2-7-3　明治37年に開通したレンガ造りの吹上トンネル

開通したトンネル、さらにその上方には明治三十七年に開通したレンガトンネルと、三代にわたるトンネルが現存している。このレンガトンネルが出来る前は、さらにその上方の吹上峠を通行していたが、人と馬しか通行できなかった。大八車が通行できるようになったのは、明治三十七年にトンネルが開通してからであった。

この頃、多

摩西部や埼玉西部の主要産業は養蚕であった。秩父など埼玉県西部の生糸は青梅を経て八王子へ運ばれた。八王子へは長野や山梨からも生糸が集まり、これらは現在の国道一六号に当たる「日本のシルクロード」を通り横浜へ運ばれ海外へ輸出された。多摩地域の経済は東京市ではなく、横浜市と強く結ばれていたのである。このため多摩地域では、明治二十六年に、それまで属していた神奈川県から東京府への移管が発表されると、激しい反対運動が起きたほどであった。

吹上峠のレンガトンネルも万年橋も、埼玉西部から青梅、そして八王子を結ぶ、生糸の輸送ルート上に位置しているのである。流通ルートの整備は、明治時代も現在と同じように、経済すなわち生活を行う上で最優先となる生命線だったのである。

さて、一章四節で述べたように、江戸時代、西多摩地域の橋の構造は、ほとんどが肘木橋であった。それらは明治時代にはどのように変わっていったのだろうか。

肘木橋は、架橋する時に落橋などの事故が起きやすいという安全上の課題があった。また肘木橋に必要となる太い木の確保も困難となっていた。西洋式の橋梁技術が伝わると、解決案として、多くの橋で木造と鉄筋を用いた木鉄混合トラス橋が多用された。これらトラス橋は、肘木橋ほど太い木は必要なく、木材の量も少なくて済んだ。また、四十～五十メートル程度の長い橋にも難なく対応できた。

しかし、トラス構造は経済的である反面、構造上の余裕が少ない。自動車が出現すると、

2-7-4 西多摩に多く架橋された木鉄混合トラス橋（旧）大正橋（大丹波川、奥多摩町）

その重さに対応することが困難で、橋の部材が腐食などで一部でも欠損すると橋全体が不安定化するなどの問題が生じた。このため、その寿命は短く、ほどなく鉄の橋へ代わり姿を消していった。ちなみに、前述した平成の「近代木橋」は、キノコという思いもよらぬ大敵に襲われ、各地で通交止めや落橋が相次ぎ、建設ブームは短期間で去った。

昨年、紆余曲折の末、新国立競技場の構造が決定した。「杜のスタジアム」をコンセプトに観客席を覆う屋根には木の骨組みが採用された。これら、橋の歴史が示すまでもなく木材は鉄に比べ、材料の均一性や耐久性では大きく劣る。最新の木造技術が、鉄やコンクリートに勝つことを祈りたい。

# 8 東京市橋梁のエース

## 樺島正義

　明治末の東京市の橋梁の課題は、老朽化した二橋、日本橋と隅田川に架かる新大橋の架け替えであった。しかし、東京市の橋梁事業の中心を担っていた金井彦三郎は鉄道へ去ったため、その後任探しが急務であった。そこで、白羽の矢が立ったのが、米国の橋梁設計事務所にいた樺島《かばしま》正義であった。

　樺島は、明治十一年に東京に生まれた。明治三十四年に東京帝国大学土木工学科を卒業し、「学問は日本でもできるが、実地の仕事に乏しい日本では練習をやるにも場所が少ない。米国はその点においては非常に参考になる」との恩師である中島鋭治の言葉に背中を押され渡米し、著名な橋梁設計事務所であった「ワデル工務所」に入社した。

　ワデルは、明治十五年～十九年の四年間、東京大学で橋梁工学を教えており、中島はこの時の教え子であった。日本の橋梁技術者の育成に大きな役割を果たし、また日本の橋梁界に大きな影響力も持っていた。米国へ帰国後は橋梁設計会社を立ち上げ、生涯で一千橋にも及ぶ橋梁を設計し、米国橋梁界の重鎮の一人となった。樺島はワデルのもとに明治三十九年までの五年間従事しており、この間にピッツバーグの橋梁会社で橋梁の製作などの現場経験も積んでいる。

樺島は、東大教授で恩師の広井勇の仲介により、明治三十九年に帰国し東京市に入庁する。橋梁の設計から工事まで一通りの手順を学び帰国を望んでいた樺島と、金井の後任を

2-8-1 樺島正義

探していた東京市の思惑が合致した結果であった。翌明治四十年に東京市は、全国の役所で初となる橋梁課を設立し、樺島は二十九歳の若さでその初代課長に就任した。その後、大正十年に東京市を退職するまで、十五年間にわたり東京市の橋梁事業のトップを担った。つまり、東京の明治末から大正時代にかけての橋は、樺島が築いたと言えるものであった。

樺島は東京市では、約四十橋の橋に関係した。樺島が東京市へ呼ばれる契機となった二橋のうち、日本橋については、主任技師であった米元晋一の指導に当たり、もう一橋の新大橋については、樺島が自ら設計を行った。新大橋は明治四十五年に開通、橋長は百七十三・四メートル、構造は米国タイプの鋼鉄製のプラットトラス橋であった。

2-8-2　（旧）新大橋（隅田川、中央区・台東区）

吾妻橋など、これより以前に隅田川に架けられた橋も、構造は同じプラットトラス橋であった。しかし新大橋の詳細な構造は一線を画すものとなっている。橋台や橋脚には、最新技術であった鉄筋コンクリート構造が初めて用いられた。また、他の橋の床材が木造であるのに対し、新大橋ではバックルプレートという鋼板の上にコンクリートを敷いた構造を用いた。このため、関東大震災で他の橋は、床が焼失し通行不能に陥ったのに対し、新大橋は通行が確保され多くの人命を救った。

橋上のデザインは、土木の技術者ではなく、建築の技術者の東京市営繕課技師田島穧造《さいぞう》が担当した。新大橋は、昭和五十一年に現橋へ架け替えるに当たって、愛知県の明治村へ一部が移築され、現在でも往時の姿を垣間見る

2-8-3　(旧) 鍛冶橋 ((旧) 外濠川、千代田区)

ことができる。この橋のデザインを見ると橋門構や欄干など、アール・ヌーボーで統一され、それ以前の隅田川の橋に比べ、格段にデザインが洗練されている。

さて、樺島は後に記した自著『橋の話』の中で、自身が関係した橋のうち、会心の作として次の七橋を挙げている。鍛冶橋（大正三年、鉄筋コンクリートアーチ橋）、呉服橋（大正三年、鋼アーチ橋）、神宮橋（大正九年、鉄筋コンクリート桁橋）、高橋（大正八年、鉄筋コンクリートアーチ橋）、新常磐橋（大正九年、コンクリートアーチ橋）、猫俣橋（大正九年、コンクリートアーチ橋）、一石橋（大正十一年、鉄筋コンクリートアーチ橋）。

初期の代表作である鍛冶橋と呉服橋も、設計の初期段階から建築技術者の田島穧造と共

2-8-4　（旧）呉服橋（（旧）外濠川、千代田区）

同作業で行っている。このため、日本橋を別とすれば、樺島以前の橋と比べて、構造と欄干や親柱などのデザインが一体となり、美しく格段に完成度の高いものとなっている。ヨーロッパの橋のように、彫刻を施した巨大な親柱が設置され、欄干や橋灯など、建築様式にのっとったデザインが造られるようになった。なお、鍛冶橋は東京で初めての鉄筋コンクリートアーチ橋であり、支間長二十一・八メートルと当時、国内では最長を誇るなど、デザイン面だけではなく構造面でも時代の一歩先を行くものであった。

新常磐橋と猫俣橋は、鉄筋を用いない無筋のコンクリートアーチ橋であった。これは、第一次世界大戦の影響で鉄が高騰したために、鉄筋を用いない構造として樺島が考案したも

2-8-5 （旧）高橋（亀島川、中央区）

2-8-6 （旧）三原橋（（旧）三十間堀川、中央区）

2-8-7 （旧）新常磐橋（日本橋川、千代田区・中央区）

2-8-8 （旧）猫又橋（（旧）千川、文京区）

2-8-9 （旧）一石橋（日本橋川、中央区）

2-8-10 （旧）神宮橋（ＪＲ山手線、渋谷区）

**樺島正義が会心作として挙げた橋**

のであった。

また、樺島はコンクリートアーチ橋の側面を、いわゆる「打ちっ放し」にすることについて、「安っぽい」とたいへん嫌っていた。このため鍛冶橋、高橋、一石橋などでは、いずれも側面に切石を貼ることで、外見を石造アーチ橋のように仕上げている。猫俣橋では玉石を貼り、新常磐橋では表面にコテ仕上げで古典的な模様を施すなど、デザイン面の工夫をしている。

樺島は明治末から大正にかけて、東京だけではなく日本の橋梁技術全体を大きくステップアップさせた技術者であった。「僕の設計した橋には、その時に世界中のどの橋にもない独特のディティールが必ず一つは折り込まれている」と自身で述べているように、彼が設計した橋は時代の先端を行き、次代の震災復興の橋と比しても決して引けを取らないものであった。

大正十年、樺島は突如として東京市を退職し、渡米中から考えていた、日本初の橋梁設計会社となる「樺島事務所」を設立する。後に樺島はこの理由について次のように述べている。「私は一生橋梁をやってみたいという考えを持っていたものですから、土木課長とか土木局長とかいう仕事には不適当と思ったし、また成りたくもなかったのです」。役人として出世の道を歩むのではなく、生涯一橋梁技術者としての道を選んだのである。

大正も半ばを過ぎ、地方でも自動車に対応するために鉄橋や鉄筋コンクリート橋の建設機運が高まっていた。まず樺島は、内務省土木局長の牧彦七に請われ、静岡、愛知、三重各県の技術顧問となり、現在でも残る国道一号の富士川橋、安倍川橋、大井川橋の三橋の設計や施工を指導した。続いて愛知県の犬山橋や茨城県の水郷大橋などの設計も行うなど、事務所は順風満帆の出発であった。

しかし、昭和恐慌の影響や関東大震災の復興の終焉《しゅうえん》に伴い仕事は激減し、昭和五年に事務所を閉めることになった。日本初の橋梁設計会社は十年で幕を下ろしたのである。それから長く暗い大戦の時代が訪れ、再び樺島の活躍する場は現れなかった。戦争がなければ、どんな橋を設計したのか。Next One次作を見てみたかったと思うのは私だけではないと思う。

# もう一つの日本橋

9

米元晋一

日本橋は明治四十四年四月三日に開通した。構造は石造アーチ橋である。橋の銀座側の橋台（下流側）には、一枚のブロンズ板が設置されている。これには、橋の建設に関わった人々の名が刻まれている。設計者「米元晋一」、橋上装飾「妻木頼黄《つまきよりなか》」、橋名揮毫《きごう》者「徳川慶喜」、技師長「日下部辨二郎《くさかべべんじろう》」、橋梁課長「樺島正義」……。この橋は、土木技術者と建築家が本格的に共同で造り上げた初めての橋であった。

橋のアーチ部分を設計したのは、東京市橋梁課の技師米元晋一である。彼は東京帝国大学土木工学科を卒業し、明治三十六年に東京市に入庁した。石造アーチ橋の内部には、常磐橋がそうであるように砕石を詰めるのが一般的であるが、日本橋では内部にレンガとコンクリートを充塡《じゅうてん》している。

特徴ある橋上の装飾は、明治の官庁建築の雄と言われた妻木頼黄が行った。また、彫刻は東京美術学校助教授の津田信夫や彫刻家渡

2-9-1　完成直後の日本橋

2-9-2　米元晋一

辺長男《おさみ》が担当した。妻木は日本橋の装飾を設計するに当たって、以下の三点のコンセプトを挙げた。①石造アーチ橋本体との調和　②帝都橋梁の「重鎮」としての美観と威厳を持ち、道路元標を表現する　③日本的な典雅なデザイン——。これを表すように、橋全体のデザインはルネッサンス様式と言われているが、橋の彫刻をよく見ると、和風のテイストを色濃く取り入れた和洋折衷である。

入り口には、東京市を守るということから、百獣の王「獅子」が置かれている。ただし、モデルは奈良の手向山八幡宮や薬師寺の狛犬である。橋中央に鎮座する「麒麟《きりん》」は中国神話に現れる伝説上の動物で「獣類の長」。東京市の繁栄を祝福する意味があるとされた。この麒麟像には、本来は無い翼のような「背びれ」があるが、これは道路元標であることから「翔《か》ける」＝旅立ちをイメージしたものであった。また、中央の橋灯には道路元標にちなみ、江戸時代に一里塚によく植えられた「榎」と「松」が刻まれている。

東京で日本橋の架け替え計画の進む頃、海を隔てた満州の大連市で、新時代の幕開けを告げる橋の建設が進められていた。その名も「日本橋」、もう一つの日本橋である。鉄筋コンクリート造りで橋長は約百メートルの五連のアーチ橋である。大陸進出を目指し、日本の威厳をかけて建設され、表面にはメダリオンなどの彫刻が施された純西洋風のデザインの壮麗な橋であった。

鉄筋コンクリート橋は明治七年（一八七四）に、フランスのモニエが長さ十三・八メートルの橋を架けたことに始まる。鉄橋に比べ歴史が約百年浅く、この当時、世界的にも百メートルを超えるような長大橋はほとんど無かった。我が国の鉄筋コンクリート橋は、明治三十六年に京都市の琵琶湖疏水《そすい》に架けられた日ノ岡十一号という長さ七・三メートルの桁橋に始まり、ようやく長さ十メートルを超える橋が架けられたという状況であった。このような中、大連の日本橋は、国内を飛び越え一挙に世界級を達成した橋だったのである。

2-9-3　大連の日本橋。現在の橋名は勝利橋

設計は鉄道院の太田圓三《えんぞう》と大河戸宗治が行った。太田は、後に関東大震災の復興に当たって、復興局で土木部長を務め、永代橋など隅田川架橋の中心を担った人物である。日本橋という橋名といい、なにか因縁を感じる。

ところで、東京の日本橋の設計者の米元は、昭和三十八年に土木学会誌に『日本橋の思い出』という随筆を寄稿している。この中で、当初「石橋ではなく鉄筋コンクリート橋で設計したい」と技師長の中島鋭二に申し出たが、「もし失敗したらどうする、石橋でやれ」と叱られ断念したことを明らかにしている。米元の耳には、大連の日本橋のことも当然入っていたと思われるし、技術者として新時代の新技術にチャレンジしてみたかったであろうことは容易に想像ができる。

大連の日本橋は戦後「勝利橋」と名を替え、現存している。しかし、美しかった彫刻は一部ではげ落ち老朽化が進んでいるのが見て取れる。鉄筋コンクリートの宿命として、コンクリートの中性化による劣化は避けられず、今のままでは橋の寿命はそう長くはないと思われる。一方、石橋には寿命が無い。東京の日本橋は平成二十三年に百歳を迎えたが、恐らく二百歳も無事迎えることができるだろう。

米元は、日本橋が開通すると直後に欧米視察を命じられる。しかし、視察目的は橋梁ではなく、下水道であった。帰国後、下水道改良課長に就任。改良事業に着手し、我が国で初の下水処理場である三河島処理場の建設などを行い、東京の下水道の基盤を築いた。さらに大正十年に東京市を退職後は、全国各地で下水道事業の指導に当たり、我が国の下水道事業普及の最大の功労者となっていく。

関東大震災当日、米元は横浜市役所で下水道事業の計画策定に当たっていた。翌日、横浜を出発した彼が本郷の自宅に帰る前に立ち寄った箇所がある。それは下水道施設ではなく、日本橋であった。そして自宅へ帰っての第一声が、笑顔で「日本橋は無事だった」であったと、後に早稲田大学理工学部教授になる御子息の米元卓介氏が記している。このエピソードを知り、米元は橋の設計をもっとしたかったのだということが、手に取るように感じられた。しかし、橋梁課には東京市が米国から呼び寄せ、課長に就かせた樺島正義がいた。東京市には優秀な技術者二人を橋梁事業に充てる余裕は無かったのであろう。

2-9-4　2011年の日本橋架橋100年祭。上空を首都高が覆う

さて、日本橋の架橋から約五十年経ち、東京オリンピックに向け、橋の上空に首都高が架けられた。その高架橋の側面には、日本橋と書かれた大きな題額が飾られている。これも、もう一つの日本橋である。この題字は時の総理大臣佐藤栄作の筆によるものである。隅田川には都知事が橋名を揮毫した橋はあるが、総理大臣のものはない。これからもやはり日本橋が特別な橋ということがわかる。しかし、題額があまりに立派なために、この首都高の高架橋を日本橋と思ったなどという、笑えない話もある。

明治の技術者たちは、東京を西洋

諸国の都市に引けを取らないようにと、日本初の都市計画事業である「市区改正」の象徴として日本橋を架けた。戦後の技術者たちは、東京そして日本の物流を支え、高度経済成長を牽引する柱として首都高を架けた。いつの時代も日本橋は日本を写す鏡であった。それから五十年たち、再びオリンピックが来る。そこに、私たちはどのような日本橋の姿を見たいと望んでいるのだろうか。

米元は、前述した『日本橋の思い出』をこう結んでいる。「日本橋は上を高速道路が通って非常に窮屈なようです。築造したものにとっては非常に遺憾であります。が、急速に進歩する現代だから止む得ないことと諦めている。しかしオリンピックがすんで、もし何かの機会があれば何とかもっと高速道路を高くするとか、その他の美術家にも見ていただいて、もっと引き立つようにして頂きたいと思っております」

# 3章 関東大震災復興

# 1 関東大震災での橋の被害

「関東大震災で東京の橋は全て落ちたのですよね？」震災復興の橋の話をすると、橋梁技術者からもこのような質問を受ける。現在、隅田川や日本橋川、神田川など都心に架かる橋の多くは、関東大震災の震災復興で架けられたものである。関東大震災ではどれだけの橋が落橋したのだろうか。

左頁上段の写真は当時の絵葉書で、震災被害を伝える写真として震災関連の本などによく取り上げられている。写真のタイトルは「吾妻橋の惨状」。アサヒビールの工場を背景に、隅田川に崩落した木や鉄などの橋の残骸が写されている。

一方、左頁下段の写真も当時の絵葉書で、タイトルも同じ「吾妻橋の惨状」。この写真も背景にはアサヒビールの工場が写されている。しかし、前の写真と異なるのは、残骸の右側に鉄橋がしっかりと写っていることである。この鉄橋は明治二十年に架けられた吾妻橋である。実際、橋は崩落していなかったの

3-1-1　(旧) 吾妻橋の関東大震災での被災状況を伝える絵葉書①。吾妻橋は崩落したように見えるが、焼失した橋は木造の仮橋

3-1-2　(旧) 吾妻橋の関東大震災での被災状況を伝える絵葉書②。吾妻橋は木造の床は焼失したが、鉄骨は無事であったことがわかる

である。

震災時、吾妻橋は老朽化により、架け替え工事中で、鉄橋を撤去するために木造の仮橋を架けた直後であった。写真に写っている残骸はこの仮橋が焼失したものであった。

震災当時はまだラジオもテレビも無く、絵葉書は新聞と並ぶ情報伝達の最大のツールであった。特に、震災では多くの種類の絵葉書が発行され、今日でもネットオークション等で容易に入手できる。しかし、これらの中に、上段の絵葉書と同様のカットは多く登場するが、下段のカットを見ることはまれである。メディアの常として、よりセンセーショナルな絵が望まれたためであろう。

東京における橋の被害を端的に表す記録として、大正十三年七月に土木学会で開催された講演会での、復興局土木部長の太田圓三の議事録が残されている。

「昨年九月一日の地震により東京市の橋梁が受けました震害は極めて僅少でありました。これは東京に於ける地震の震度が比較的小さかったことと、橋梁の工事が比較的入念に出来ていたことに依るものと考えられます。ただ地震に伴う火災のために幾多の橋梁が焼失したことは、遺憾に堪えない次第であります」

橋梁が受けた震害は極めて少なかったのである。ここでいう震害とは地震の揺れに伴う落橋などを指す。震災時、東京市が管理する橋は約七百橋あったが、このうち地震の揺れによる落橋は無かった。ただし、当時は橋の大半は木造橋であったため、周辺の火災から

3-1-3　（旧）厩橋の被災状況。木造の床が焼け落ちている

延焼し通行不能に陥った。その数は約三百五十橋に及んだ。

実際、隅田川に架かる橋の被害はどうであったのだろうか。震災時、東京市内の隅田川には前記の吾妻橋の他、厩《うまや》橋、永代橋、両国橋、新大橋の計五橋の鉄橋が架けられていた。このうち吾妻橋、厩橋、永代橋の三橋は床が木造であったため、床がすっかり焼け落ち、通行は遮断された。両国橋も桁の一部が木造であったため、歩道の一部が焼け落ちてしまった。

これに対し、新大橋は、床はコンクリート製で木は全く使用していなかったことから、火災の被害は受けず唯一通行を確保できた。このため、多くの人命を救い、震災後「お助け橋」と呼ばれるようになった。

なお、白鬚橋と千住大橋の二橋はともに木造橋であったが、周辺の家屋は焼失せず、橋にも延焼しなかったため、通行は確保された。日本橋川や神田川の橋も状況は同じで、多くの鉄橋が架けられていたが、木製の床が焼け落ち、通行不能に陥っている。これらの河川では、川面を埋め尽くした船から船へ延焼して被害を拡大したようで、日本橋のアーチの裏側の石には、ケロイド状に変形した火災跡が今もしっかりと残されている。

火災が拡大しなければ、関東大震災での橋の被害はここまで悲惨なものにはなっていなかったであろう。地震が発生したのが昼時であったから、多くの火災が発生したとよく言われるが、それだけではなかった。当日の天気図を見ると、前日に関西地方に被害を及ぼした台風が日本海を北に進んでおり、関東地方にはこれに向かい強い南風が吹いていた。

また、江戸時代は明暦の大火の教訓から、災害時に家財道具などの持ち出しはご法度であったが、明治になりこの規制も無くなった。関東大震災では明暦の大火と同様に大八車が渋滞して、身動きが取れなくなり、これらに火が延焼し多くの橋や市民の命を奪った。

さらに、大正時代には消火栓や消防自動車は導入されていたが、関東大震災ではこの消防ホースから水が出なかった。それは水道管や水道施設が地震の被害を受け、通水できない事態に陥っていたからである。もし江戸時代の町火消しのような破壊消防であったら、被害はもう少し抑えられていたかもしれない。想定外というのは禁句であるかもしれないが、

3-1-4　（旧）永代橋の被災状況。右側の杭は焼失した木造の仮橋の橋脚

あまりにも最悪な条件が重なった悲劇であった。

震災復興では東京市内で、新設と架け替えを合わせて約四百三十橋の橋が架けられた。焼け残った橋も、区画整理事業により、道路の位置や幅が大幅に変わったことや、火炎によって鉄材が変形したことなどから、多くが架け替えられることとなった。このため、現在も震災前と同じ箇所に架かる道路橋は、石造アーチ橋の日本橋とコンクリートアーチ橋の昌平橋の二橋しかない。

これら火災の教訓から、復興に当たって、橋の構造について最も優先されたのは耐火性であった。床なども含め、木は使用せず、鉄やコンクリートが使用されることとなり、木造が主体だった東京の橋は鉄とコンクリートの近代的な構造へ一変した。被災した橋を震災前と同じ安価な木造へ架け替えるのではなく、高価であっても、不燃化構造へ更新したことで、約二十年後の東京大空襲では再び橋が、避難する際に大きな障害となることは無かった。これらの橋を見ると、災害の復興に当たっては、被害分析と将来を見据えた的確な対策が重要なことを改めて感じさせてくれる。

# 2 復興局の橋梁技術者たち

## 太田圓三と田中豊

隅田川には二十八橋の道路橋と七橋の鉄道橋が架かる。様々な形の橋が架かりバリエーションに富んでいることから、「橋の展覧会」にも例えられる。このうち、永代橋や清洲橋などの十橋は、関東大震災の震災復興事業で大正末から昭和初期にかけて架けられた。工事は国の臨時組織である復興局と、東京市、東京府の三者により分担して行われた。

復興局は東京市内の幹線道路に新たに架ける橋を中心に担当し、隅田川では永代橋、清洲橋、蔵前橋、駒形橋、言問橋の五橋を、東京市は架け替えとなる両国橋、厩橋、吾妻橋の三橋を施工した。また、白鬚橋、千住大橋の二橋は東京市域外で郡部に属していたことから、東京府が施工した。

これらの計画をリードしたのは復興局であり、その中心を担ったのは、土木部長の太田圓三と橋梁課長の田中豊であった。震災復興により、我が国の橋梁技術は一挙に世界水準に追いついた。二人はその立役者であり、震

3-2-1　復興局土木部長　太田圓三

災復興事業は無論のこと、それ以降現代まで続く我が国の橋梁技術において最大の功労者と言える。

太田は、鉄道省から派遣され、橋以外にも世界で初となる都市部での区画整理事業を推進するなど、土木事業全般を統括した。明治十四年に伊東市に生まれ、明治三十七年に東京帝国大学土木工学科を卒業し、逓信省《ていしんしょう》鉄道作業局（後の鉄道省）へ就職した。鉄道始まって以来の秀才と言われ、二章九節で述べた、世界的規模の鉄筋コンクリートアーチ橋であった満州の日本橋の設計も行っている。

その太田が、震災復興事業で最も血潮を注いだのが、永代橋など隅田川に架かる五橋の建設であった。それは、隅田川の新橋梁が、震災復興の、そして近代都市東京のシンボルになると理解していたからに違いない。

太田の実弟は、東京帝国大学医学部教授で詩人としても名高い木下杢太郎《もくたろう》（太田正雄）で、太田は弟杢太郎を通じて、文檀や画壇などに広く人脈があった。橋の形を決めるに当たり、その人脈を通じ、木村荘八らの画家に橋の絵を描かせ、芥川龍之介らの作家や評論家などに広く意見を求めた。これにより、当時執務室はサロンのような状況を呈していたという。ただし、実際には彼らの描く橋は現実離れしたものが多く、実現したものはほとんど無かったようである。しかし、太田の真の狙いは別にあった。

一つは若い橋梁技術者に対し、新しい構造や工法への挑戦を促すものであった。太田は彼らに対し「計算できない橋を架けろ」と扇動した。もう一つの効果は、社会に対する震災復興事業のPRであった。世論に発信力を持つ文化人を通じて、橋ひいては復興事業に対する世論の関心はかつてないほど高騰した。

太田は理系の技術者でありながら、弟の杢太郎と同様に文学や絵画に造詣が深く、芸術家肌の技術者と評価されている。しかしその一方で、当時の土木技術者の中で最も新技術の導入に貪欲であった。彼は鉄道省時代に東海道本線の丹那トンネル工事に、掘削機械の導入を試みたように、工事の機械化や新技術の導入に積極的で、震災復興では多くの反対を押し切り、十二節で述べるニューマチックケーソンや鋼矢板などの最新工法や、クレーンなどの最新の建設機械を輸入し工事に投入した。これにより、土木工事全般の機械化が一挙に進むことになった。

さらに、復興事業で新設される道路や橋の名称については公募を行い、聖橋や清洲橋、駒形橋などの橋名を決めた。また、親柱に刻まれる橋名の題字は、現在でも有力な政治家などが揮毫することが多いが、太田はこれを廃し全て書家に任せた。このように、ハード、ソフト両面で実に先進的な取り組みを試みた。

他にも、世界の橋の最新状況を把握するために、世界各地の日本大使館や海外渡航者から、世界の橋の写真や図面を取り寄せた。これは後に『世界橋梁写真集』や『世界橋梁設

3-2-2　復興局橋梁課長　田中豊

計図説』として発刊され、この書を参考にした橋が、震災復興だけではなく、その後も全国に架けられることとなった。

田中も鉄道省から派遣され、太田の下、橋の事業全体を統括した。明治二十一年に長野市に生まれ、大正二年に東京帝国大学土木工学科を卒業し鉄道院（後の鉄道省）へ就職した。実際に太田が示唆した橋の形や構造を、次節以降で述べるような形で具現化させていったのは彼であった。言うなれば、太田と田中は車の両輪であり、二人三脚で帝都の橋を造り上げた。

橋梁課では、三十五歳の田中が中心となって、二十代中心のスタッフ約四十人を束ねて、わずか三年間で東京市と横浜市の百五十橋の設計を成し遂げた。

震災復興で、隅田川には永代橋や清洲橋など様々な形の橋が架けられたが、それらは主にドイツで開発された最新構造であった。当時、鉄道省のエリート技術者の留学先は、太田や田中がそうであったように欧州であった。これが橋の設計に大きな影響を与えた。清洲橋はドイツのケルンにあった吊り橋のコピーと田中も公言しており、永代橋のモデルもライン川に架かっていた。

一方、米国はトラス橋が主流であり、道路技術者の留学先は米国中心であったことを考えると、もし彼らが橋の計画の中枢を担っていたなら、震災以前がそうであったように、全てトラス橋という事態になり、多彩な橋梁景観は形成されず、隅田川のクルーズの主役にはなり得なかったかもしれない。

さて、太田と田中はいずれも道路とは縁のない鉄道省出身であった。さらに街路課長の平山復二郎《またじろう》や、当時はゼネコンへの請負ではなく、資材や作業員の調達まで役所直轄で行った工事現場を指揮した隅田川出張所長の釘《くぎ》宮巌《みやいわお》も鉄道省出身であった。

なぜこのような人事がなされたのだろうか。それは、帝都復興院（復興局の前身）で総裁を務めた後藤新平を抜きにしては語れない。彼の命を受けて、後に新幹線の生みの親と言われる鉄道省の十河《そごう》信二が人選を行った。当時、国土交通省の前身である内務省土木局は河川事業が中心で、国道を含め道路事業は府県が担っていた。まだゼネコンなど民間事業者も育っておらず、国内で最高の土木技術者集団は鉄道省であった。帝大出の就職先は、優秀者はまず鉄道省、次に河川や成長著しかった電気会社や水道で、国内の大半が砂利道や木橋であった道路は人気が無かった。

後藤は震災の前年まで東京市長を務めていたが、明治末には鉄道院の初代総裁も務めていた。また我が国の政治家には珍しい理系出身でもあった。このため広い人事のネットワークを有し、技術系職員にも通じていたと考えられる。東京市の橋梁課は管理橋梁の復興に手一杯である以上、後藤や十河が、復興の象徴となり帝都の顔となる橋の建設には、鉄道省の技術者集団を充てるのが唯一、最高の選択肢と考えたのも無理からぬことである。

その後、太田は心労から震災復興の完成を見ず、大正十五年に自殺して四十五歳の生涯を閉じたが、主導した土地区画整理は今でも東京の街の骨格を成しているし、工事の機械化の導入により、土木・建築技術は大躍進を遂げた。田中は復興後、東京帝国大学教授となり、我が国の橋梁技術の発展に大きな役割を果たした。昭和四十一年には土木学会が彼の業績を称え、優れた橋梁技術を表彰する「田中賞」を設立した。また、平山は鉄道省に戻り丹那トンネルを完成させ、戦後は株式会社パシフィックコンサルタントの社長に就任し、我が国に土木設計会社が根付くのに尽力した。釘宮も鉄道省に戻り日本初のシールドトンネルとなる関門トンネルを完成させ、東京帝国大学第二工学部の教授となる。いずれも我が国の土木技術をリードする技術者となった。震災復興で培われた技術と、それを先導した技術者たちにより、日本のインフラは築かれていくことになるのである。

後藤や十河が行った人選は、大正解であった。後藤新平は「一に人、二に人、三に人」が口癖だったという。永代橋や清洲橋を見るにつけ、「してやったり」と彼の笑う顔が見えるようである。

3

# 田中豊が目指した橋の未来形

## 言問橋

震災直後から、隅田川に架ける橋については標準構造を定めて、全て同じ構造の橋を架けた方が経済的で、かつ景観的にも統一感が保たれて良いという意見があった。これらの意見は新聞紙上をも賑わせた。

しかし復興局では全て違う構造の橋を架けた。復興局橋梁課長の田中豊は、後に土木雑誌の対談でこの理由について語っている。それを要約すると次のようになる。(1)もし全て同じ構造であれば、同じ速さで老朽化し同じ時期に壊れ、また大きな地震があった場合には全て被災してしまう。(2)多様な構造の橋に関わることで、若手技術者の技術力が向上し、我が国の橋梁技術全体の進歩に寄与する。

これらは実に合理的な考え方であり、田中が示唆したように、この復興事業を通じ、我が国の橋梁技術が飛躍的に進歩したことに異議を唱える人はいないであろう。

隅田川に架かる橋はその美しい外観ゆえに、橋梁工学の専門家の中にも、復興局は橋の構造を形を優先して決めたと思われている方が多い。しかし、当時の論文を読むと、震災の被害状況を踏まえて、情緒的ではなく極めて論理的に決められていったことがわかる。「耐震性」や「耐久性」を軸に、地盤の良し悪しや周辺の土地の高さ、景観との調和、通船量など架橋地点の条件を考慮し、橋の構造を割り当てていった。

　これらの橋の構造を決める上で、田中が基本スタンスとしたであろうことが、田中が記した『復興橋梁に関する一技術家の感想』という随筆の中で語られている。「秋雨に打たれた灰塵の帝都に、橋梁架設地点を視察して帰った一夜、私は『一体どうしたらよいのであろう』と黙考した。その時ふと私の心に浮かんだのは『人を傷つけてはならぬ』という一念であった。そして、何度考え直してみても之が一番大切な事のように私の心を捕えた。それで私は之を信願として進むことを決心した」

　これを実践するかのように、隅田川だけではなく、復興局が施工した百五十橋の全てに取られた方針がある。それは、トラス橋を採用しないということである。この考えは徹底され、橋の一部分であってもトラス構造を使うことを避けた。

　震災以前に隅田川に架けられていた鉄橋は、全てトラス橋であった。これはトラス橋がアーチ橋などに比べ、使用する鉄が少ないため、建設費が安く、当時最も標準的な橋の構造であったからである。もし永代橋をトラス橋で架けていたら、建設費は三分の一程度で済ん

3-3-1 架橋直後の蔵前橋（隅田川、台東区・墨田区）

だと思われる。

しかし、田中は、トラス橋は理論上、骨組みの鋼材が一カ所でも破断したら橋全体が崩落する恐れがあり、アーチ橋や桁橋に比べて耐久性が低いことを挙げ、建設費が安いかどうかは問題ではないと指摘した。とりわけ、急速に進歩しつつあった戦闘機による空爆に対して強い危機感を持っており、この点からもトラス橋の脆弱《ぜいじゃく》性を指摘していた。二十年後の東京大空襲では、永代橋は被弾したが、堅牢なアーチ橋はビクともしなかった。しかし、田中が危惧したように日本橋川に架かっていたトラス橋の鎧橋は、被弾により破損し、戦後、東京で真っ先に架け替えられることとなった。

さらに敬遠された理由として、橋上を歩く人にとって、トラス橋は眺望を阻害し、まるで檻の中にいるようだと評判が悪く、市街地の橋には適さないとの評価が世論として定着していたことも影響した。

一方、トラス橋に代わり多く採用されたのは、蔵前橋のような道路面より下にアーチ構

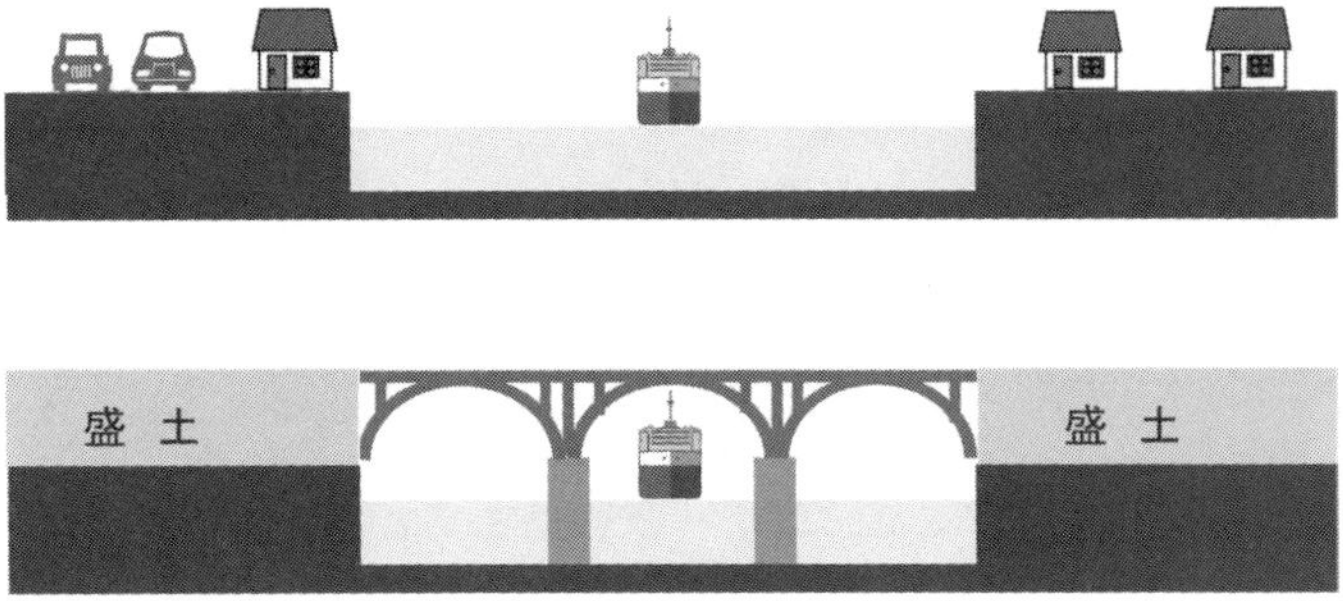


3-3-2　土地の低い箇所に上路式アーチ橋を架けようとすると、周辺の盛土が必要になり、多くの住居の移転などが生じ、工事期間も延び工事費も増える

造がある上路式アーチ橋と、言問《こととい》橋のような桁橋であった。

　上路式アーチ橋は、震災で被害が無く、耐震性が高いということが実証されたことで、震災復興で多用された。特に、神田川の下流部では最下流の柳橋を除く全橋に、隅田川でも復興局は蔵前橋と駒形橋の一部に採用した。しかし、土地の高さが低い箇所では、橋の高さに合わせて周辺の土地の嵩《かさ》上《あ》げが生じ、沿道の宅地への影響が大きいことなどから採用されなかった。

　また、桁橋は現代では最も標準的な橋の構造であるが、トラス橋に比べて鉄を多く使うため建設費が高く、震災前の採用は決して多くなかった。しかし、隅田川では復興局は言問橋に桁橋（ゲルバー鈑桁橋）を採用した。し

3-3-3　架橋直後の言問橋と隅田公園。まだ首都高も無く、隅田川に沿って広々とした空間が広がる

かも支間長（橋脚と橋脚の間隔）は五十メートルを超す大型の桁橋で、それ以前の国内の最も長い桁橋に比べ、三倍以上も長いものであった。田中自身が論文の中で、隅田川の橋の中で唯一「かなり大胆な設計」と表現したように、当時としては規格外の設計であった。この橋の構造の選択にはかなり悩んだようで、復興局が施工した隅田川の五橋のうち最後に決定した。

言問橋の構造を決める上で、重要な条件となったのは隅田公園であった。隅田公園は現在でこそ、上空を通る首都高速六号線が景観を阻害しているが、震災復興では最も力を注いだ都市公園であった。竣工当時の写真を見ると、まるでパリのセーヌ川沿いと見間違えるほどの川と一体になった美しい公園であった。

　言問橋周辺は、土地の高さが低く、地盤も良くないため上路式アーチ橋は適さず、また永代橋のような下路式の橋も公園の景観に調和しないと考えられた。そこで、規格外の構造であったが、架橋地点の条件にマッチする桁橋が選択されたのである。

　言問橋の建設が契機となって、大型の桁橋が架けられるようになり、現在では建設される橋の大半は桁橋となっている。言問橋は外見が地味なため、隅田川に架かる橋の中では決して人気が高い橋とは言えないが、その後の日本の橋梁構造の方向を決定付けた。そして建設当時は最も未来を感じさせる先進的な橋だったのである。

# 4 橋梁美の概念を一変させた橋

## 永代橋と清洲橋

隅田川には、清洲橋、永代橋、勝鬨橋の三橋の国指定の重要文化財の橋が架かる。このうち、清洲橋と永代橋は震災復興で架けられた。この二橋は姿が美しいだけでなく、永代橋は我が国で初めて支間長が百メートルを超えた橋であり、清洲橋は専門的には、「自碇《じてい》式《しき》チェーン吊り橋」という国内唯一の事例である。いずれも構造的にも貴重で、我が国の橋梁技術史の一ページを飾るものである。

架橋当時、清洲橋と永代橋は隣り合う橋であったため、二橋はペアの橋として計画された。両橋とも隅田川の河口に近いため橋長は百八十メートルと長い。しかも舟運が多かったことから、橋脚が支障にならないように、支間長は百メートル程度は確保しなければならなかった。二橋の構造を決めるに当たって、トラス橋は耐久性の面から除外され、また周辺の土地の高さは低く、地盤も良くないことから、上路式アーチ橋も構造的に適さなかった。このため、当時このように長い距離に架

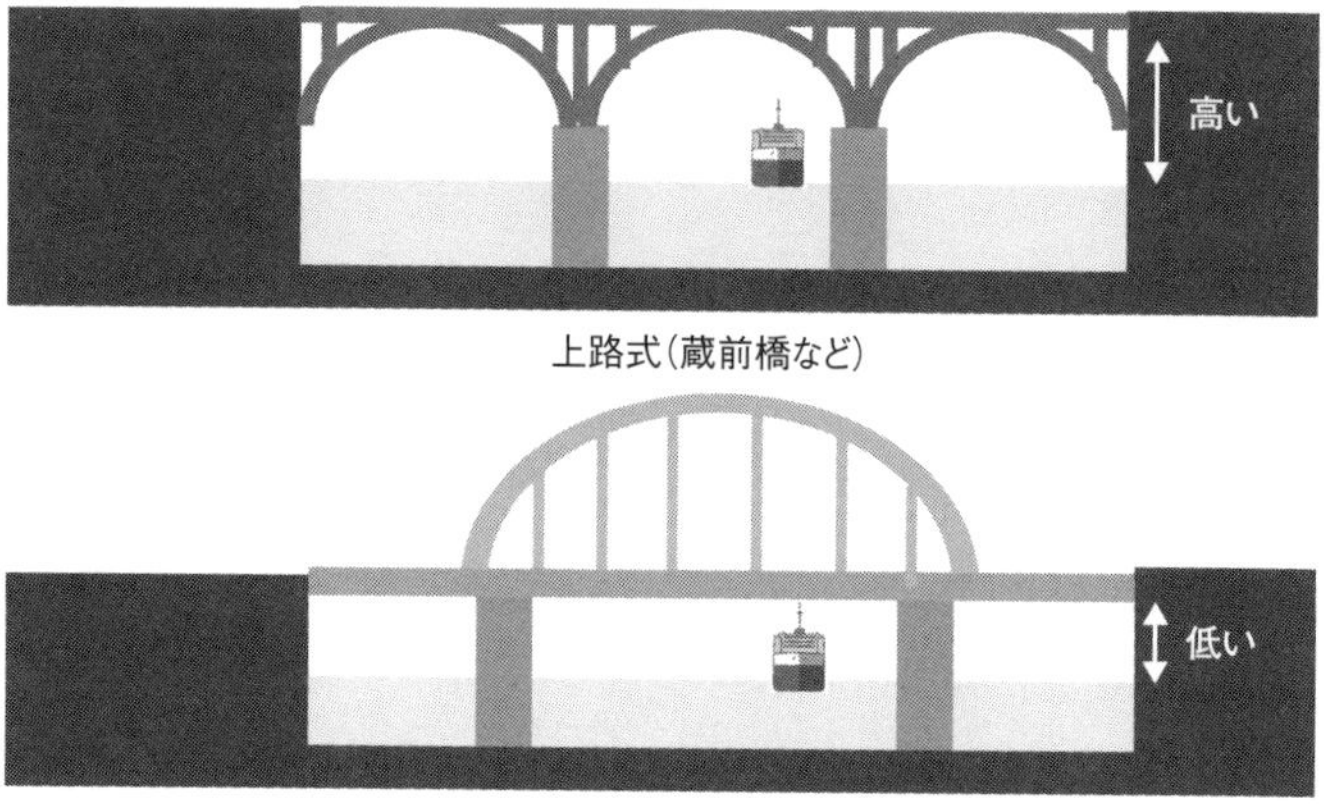


3-4-1　永代橋や清洲橋は周辺の土地の高さが低いため、上路式アーチ橋ではなく、下路式の橋が選ばれた

けられる橋は、道路面より上にアーチ構造がある下路式アーチ橋と吊り橋しかなかった。

二橋を同じ構造とする選択肢もあるが、前章で述べたように、復興局橋梁課長の田中豊は、隅田川に同じ構造の橋を架けることを良とせず、二橋の構造を分け、永代橋に下路式アーチ橋を、清洲橋に吊り橋を採用した。

このように二橋を配した理由について、土木部長太田圓三は景観面から、永代橋は「周辺の海を臨む雄大な景色に調和するように豪壮雄大な下路式アーチ橋」が適し、一方、清洲橋は「周辺が静寂なため女性的な外観を有する吊り橋が適す」と述べている。

また、田中は構造面からその理由を、清洲橋のような自碇式吊り橋は、支間長を橋長百八十メートルの二分の一の九十メートルとす

3-4-2　開通直後の永代橋（隅田川、中央区・江東区）

ることが、永代橋は支間長を、橋長百八十メートルに対し百メートルにすることが、それぞれ構造的にバランスが取れていいと述べている。このように二橋を配置することで、舟運の多い永代橋周辺で、より広い支間長を確保できたのである。

太田は土木学会での講演会で、両橋の構造について「永代橋、清洲橋の架橋地点付近は河畔低地にして人家集密のため、下路式の橋にするより仕方がない」と述べている。さらに他の論文でも度々「仕方がない」という表現を使っている。トラス橋が嫌われた理由の一つとして、橋上からの眺望が阻害されることを挙げたが、両橋のような下路式の橋も眺望を阻害するため、当時は必ずしも積極的に採用されたのではなかったことがうかがえる。

関東大震災の発災時、永代橋は東京市により架け替え工事が行われている最中であった。この工事に先立ち、東京市は下路式アーチ橋（タイドアーチ橋）と桁橋（ゲルバー鈑桁橋）の二案の模型を作製し公開し、市民の意見を聞いている。この様子について大正十一年三月四日の読売新聞が以下のように伝えている。「下路式アーチ橋は、市街橋としては体裁が悪く、外国ではこれを一般に鉄道橋と称えている位で、田舎町又は鉄道の通過する河上に架設されるもので……（略）……ゲルバー鈑桁橋は最近欧米の都市に流行しているもので、市街橋としては体裁がいい代わりに経費が余計にかかる」。現代では橋の形について、新聞紙上を賑わすことなどないが、当時は新聞で取り上げるほど関心が高かったのである。

しかも、下路式アーチ橋もトラス橋と同様に、市街地にふさわしくないとのレッテルを貼られていたというのは驚きである。なお、復興局は東京市が施工していたこの工事を中断し、計画を白紙に戻して現在の永代橋を架けた。

しかし、永代橋や清洲橋が架かると、世間の評価は瞬く間に一変した。復興局橋梁課技師の成瀬勝武は、当時の様子を次のように述べている。「近頃、よく写真展覧会がありますが、それを見ていると一般の人の物の見方が非常に変わってきた。力学的の麗しさ、実際的の麗しさということを次第に理解してくれる様になったと思います。昔流の美しいものを撮らないで、永代橋とか清洲橋とかの鉄骨の一場面を撮っております」。この会話から、二橋により橋の美に対する一般の意識が

3-4-3　開通式の清洲橋（隅田川、中央区・江東区）

変わってきた様が垣間見える。二橋が造り出す橋梁美は、東京市民を魅了した。そして、昭和四年に開催された復興祭では、清洲橋が復興のシンボルとして、ポスターや記念メダルのデザインとして使用されるに至った。現在では、永代橋や清洲橋を見て、醜いとか都市景観に合わないとか思う人は皆無であろう。この二橋は、橋の美に対する概念を一変させた画期的な橋だったのである。

　ところで、橋の構造を決める上で、田中らが隅田川で目指したことがある。それは田中の言葉を借りれば「最も進歩せる形式の橋梁の架設」であった。永代橋や清洲橋、言問橋などは当時、アーチ橋、吊り橋、桁橋などの構造別に、いずれも〝国内初〟や〝国内最長〟という冠の付く橋であった。

田中は『隅田川橋梁の型式』という論文の最後に、ドイツのネッカー川に新設される長さ二百メートルの橋の設計コンペの結果を載せている。一位が言問橋に似た桁橋、二位が永代橋に似たアーチ橋であったことを挙げ、「激務に追われて居ります技術家に取りましては誠に言い知れぬ愉快を感じせしめたのでありますす」と結んでいる。世界の橋梁技術者が注目する世界最先端を行くコンペの結果と、田中らが隅田川に設計した構造が同一だったのである。彼らの喜ぶ様が目に浮かぶようである。震災復興は、明治以来世界を追い続けてきた日本の橋梁技術がようやく世界に追いついた瞬間だったのである。

これら震災復興での橋の構造の決定経緯を追ってみると、財政状況は非常に厳しかったにもかかわらず、現在重視される工事費の安さや過去の施工実績については、選択する上での条件になっていなかったことに驚かされる。橋の構造が架橋地点の緒条件に適切であり、設計が合理的であり、かつ現在および将来にわたって十分に安全であるか否かが本質的な問題と考えられていた。橋のように長く使われるインフラの構造を選択する場合、何を重視すべきなのか。震災復興により架けられた隅田川の橋は、現代の橋梁技術者に問い掛けているような気がする。

# 5 難航した東京市の隅田川架橋

## 吾妻橋・厩橋・両国橋

復興局が隅田川に架けた五橋のうち、最後に開通したのは清洲橋で、昭和三年三月のことであった。それに対して、東京市が施工した橋の開通は、厩橋が昭和四年九月、吾妻橋が昭和五年十二月、両国橋が昭和七年五月と復興局に大きく遅れを取った。復興局が隅田川に架けた橋は、永代橋以外は新設であった。一方、東京市が担当した三橋は、いずれも架け替えであった。このことが両者の工程に大きな差をつけた。

吾妻橋は、震災時には既に架け替え工事中であった。仮橋が完成し交通を切り回したその日に、不幸にも大震災が起きた。木造だった仮橋は全焼、わずか半日の命であった。吾妻橋の復興は、歩行者の通行を確保することから始まった。まず床が焼失した旧橋に板を渡し、九月七日に歩行者の通行を始め、翌年三月には仮橋も再建し市電も再開させた。

これにより、ようやく橋の架け替えがスタートしたが、出足からつまずいた。復興事業

3-5-1　吾妻橋仮橋設置時の交通切り回し状況。左側が道路橋の仮橋、中央は市電の橋。いずれも震災後に復旧

の計画と予算を統括する復興局は、市電のルートを吾妻橋から、すぐ下流に新設する駒形橋に移し、橋の幅を他の橋の三分の二の十四メートルに抑える計画を打ち出した。これは、上野から延びる新設の幹線道路「浅草通り」は駒形橋を通り、これに伴い吾妻橋は幹線から補助線に格下げされたためであった。これに地元住民が反発。難航の末、国（復興局）は十四メートル分の建設費を復興事業費から補助し、東京市交通局が市電の通行を条件に六メートル分を負担、合わせて幅二十メートルの橋を架けることで決着した。

次の難題は、川底から十五メートル下の深さまで設置されている旧橋の基礎の撤去であった。新橋の橋脚を旧橋と同じ箇所に造る計画であったため、新橋の基礎の構築には、旧橋の基礎が支障となった。東京市はこの撤去に、永代橋で基礎を造るのに使われたニューマチックケーソン工法（179ページ参照）を応

3-5-2　架橋直後の吾妻橋（隅田川、台東区・墨田区）

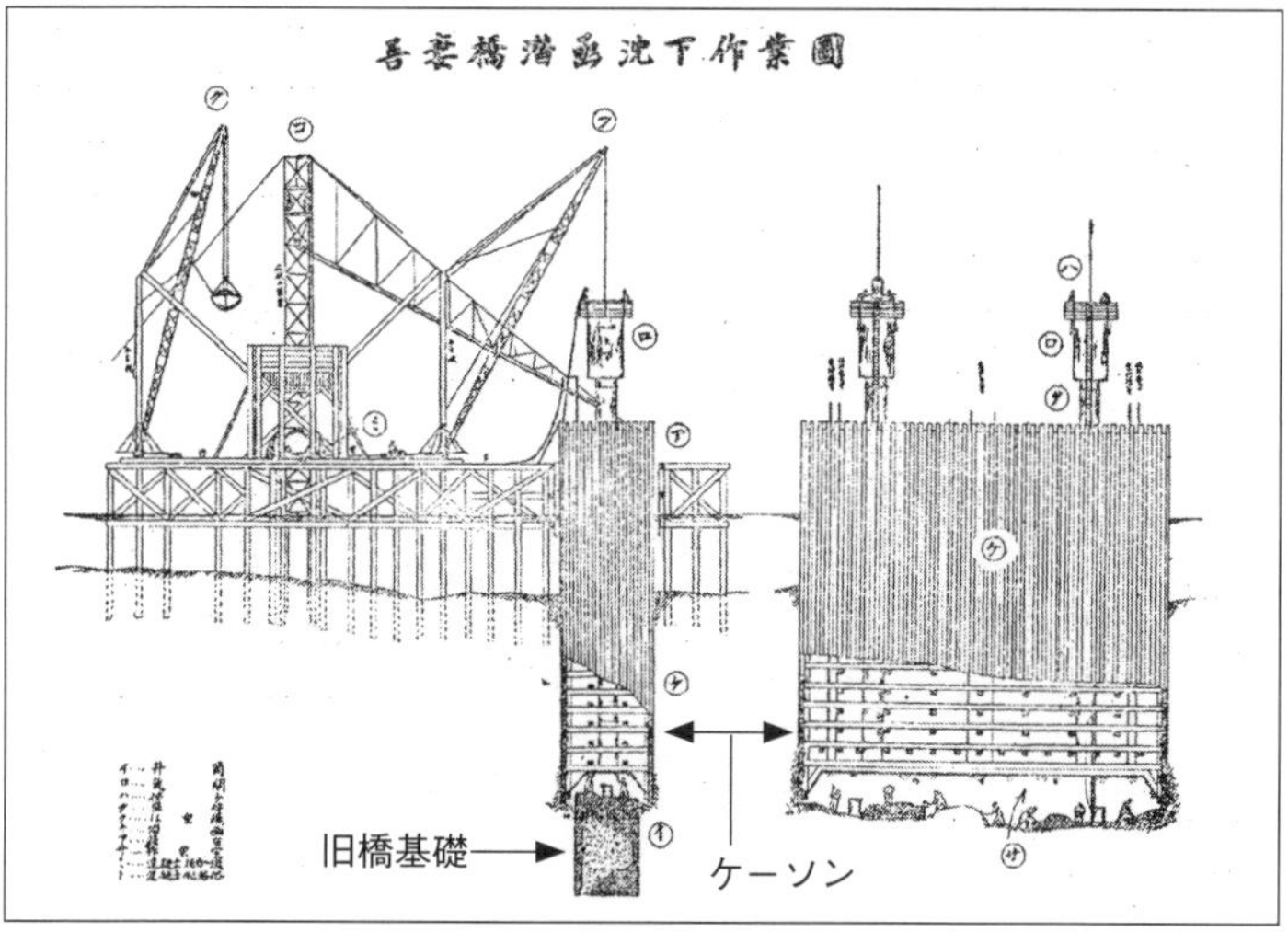


3-5-3　吾妻橋ニューマチックケーソン図。旧橋のコンクリート基礎を壊しながら、ケーソン（橋脚の基礎）を沈下させた

用した。

図のように、ケーソン（＝箱）を用い、土の掘削に合わせ、その都度地中から現れる旧橋の基礎（レンガ井筒）を人力で壊し撤去していった。地中の障害物撤去にニューマチックケーソンを利用した国内初の事例になった。たいへんな難作業であり、担当した有本岩鶴が記した『吾妻橋改築報告』では、旧橋の基礎撤去の記述が全体の八割を占めているほどである。なお、永代橋では、現在の橋のすぐ下流側に旧橋が架かっていたが、復興局はこの基礎は撤去せずに残置した。昭和四十年代、ここに地下鉄東西線が建設されることになった。トンネル工事では旧橋の基礎が障害となり、同線の建設で最難関の工事となった。なおこの時、基礎の撤去に用いたのもニューマチックケーソン工法であった。

さて、吾妻橋は上路式アーチ橋であり、厩橋は下路式アーチ橋である。これらの橋の構造は、どのようにして決まったのだろうか。復興局の田中豊や成瀬勝武らが出席した、土木雑誌の座談会の記録が残されている。司会者「厩橋は三つのアーチが上に出ていますが、あのアーチを下に入れる（上路式アーチ橋にする）わけにはいきませんか」。成瀬「それは周囲の土地の高さに関係する。周囲の土地が高ければアーチを下に入れることができる」。田中「厩橋を（上路式アーチ橋で）設計したら難しい。よほど土地を上げなければ、どうも前に橋のあったところは難しい」。成瀬「前に橋のあったところは、近い所に動かすことのできない家があって、アプローチ（橋の取

3-5-4　アーチをつなぐ鉄材（上横構）が少ないため開放感のある厩橋の橋上（隅田川、台東区・墨田区）

り付け道路の高さ）を上げることが出来ない」。

これからもわかるように、上路式の橋を採用するか、または下路式の橋を採用するかは、周辺の地盤の高さが分岐点になっていたのである。厩橋の周辺は土地の高さが低く、上路式アーチ橋を架ける場合、大規模な盛り土が必要となり、沿道の宅地との関係から、断念せざるを得なかったのである。一方、上路式アーチ橋が採用された吾妻橋周辺は、比較的土地の高さが高く、ある程度の盛土を行えば、上路式の橋を架けることが可能であったのである。

前述した座談会の会話から、もう一点わかることは、厩橋のように橋の上に鉄材が出てくる下路式の橋は、一般の人からも好まれていなかったということである。東京市の担当者は内心忸怩《じくじ》たる思いがあったであろう。

しかし、厩橋を見るに、下路式の橋という与えられた条件の下で、優れた設計がなされていると思う。特にアーチとアーチをつなぐ「上横構」は橋梁課長の谷井陽之介《やついようのすけ》が自ら設計をした。橋上の閉塞感を軽減しようと、上空を覆う鋼材をできるだけ少なくしようとした配慮が見て取れる。そもそも、下路式の三連のアーチ橋は隅田川では他に無く、この橋が隅田川橋梁群に構造的にも景観的にも不可欠の彩りを添えていることに、異を唱える人はいないであろう。

両国橋は、震災復興計画では当初、架け替えずに旧橋を使用する計画であったが、四章二節で取り上げる東京市橋梁課長の岡部三郎の頑張りで、震災復興事業最後の橋として架け替えられることになった。橋の構造はゲルバー鈑桁橋であった。これは、わずかな時間の違いであるが、上路橋と言えばアーチ橋しか選択肢の無かった吾妻橋とは異なり、復興局が架橋した言問橋が好評を博していたことが影響したと思われる。

当初行った設計では、両岸の道路を二メートル嵩上げする必要が生じた。しかし、時期は復興事業終焉期に当たり、道路の両側には既にぎっしりと再建された家が立ち並んでいた。家屋の二度目の立ち退きは不可能ということで、復興局から認可は下りなかった。

そこで東京市は、橋の中央部分に当時珍しい高張力鋼を使用することで橋桁を薄くし、橋の高さを低くするなどの設計変更を行った。両国橋は同規模の言問橋に比べ、橋の中央部分が薄く、アーチ形状を描いているのはこのためである。しかし設計を変更したことは、「技術者としての良心を疑う」と、復興局計画部長の逆鱗《げきりん》に触れ、最終的には工事の認可が下りたものの、国との手続きは難航した。

3-5-5　架橋直後の両国橋（隅田川、中央区・墨田区）

予算と許認可権を持つ国と地方の関係、当時も東京市の担当者は苦労したであろうことがうかがえる。

　吾妻橋や厩橋、両国橋の架け替えの経緯を調べると、架け替え時の橋や道路の高さと宅地の関係、国と地方の許認可や補助金の関係など、震災復興でも現代と同様の悩みがあったことがわかる。時代を経ても、苦労する点に変わりはないということが改めて感じられる。ところで、吾妻橋と両国橋の件では、国と市どちらの選択が正しかったかは、戦後の両橋の交通状況を見れば自明である。地元の事情はやはり地元の方がわかる。これも昔と今も変わらないことなのかもしれない。

# 6 橋の天才設計者登場

増田淳

大正時代、まだ「東京都」は存在せずに、大阪や京都と同じように「東京府」と「東京市」があった。隅田川で言えば白鬚橋から上流は、東京市内ではなく南足立郡などの「郡部」に属しており、土木行政は「東京府」が担っていた。震災復興期に、この地域の千住大橋と白鬚橋が東京府により架け替えられた。

千住大橋は、日光街道が渡る橋で、一章一節で述べたように、初代の橋は徳川家康により、江戸入府直後の文禄三年（一五九四）に架けられた。千住大橋は、江戸期を通じて水害で流失したことは無かったが、明治二十年の水害で流失し復旧され、その後明治四十五年にも再び架け替えられている。関東大震災では焼失しなかったものの、昭和二年に震災復旧事業で、現在の下り車線の鋼鉄製のタイドアーチ橋に架け替えられた。

白鬚橋は大正の初めまで、付近に隅田川で最も古いと言われる「橋場《はしば》の渡し」があった。この「橋場」という名は、源頼朝が挙兵し隅

3-6-1　架橋直後の千住大橋（隅田川、荒川区・足立区）

3-6-2　架橋直後の白鬚橋（隅田川、台東区・墨田区）

田川を渡った時に、舟をつなげた「舟橋」を架けた地であることにちなんで名付けられたもので、この橋は歴史上、隅田川で最初の橋と言われている。

　初代の白鬚橋は、大正三年に地元住民らが設立した

「白鬚橋株式会社」により、木造の有料橋として架けられた。この橋も関東大震災では焼失しなかったものの、料金収入は上がらず老朽化も進んだために、大正十四年に東京府が買い取り、昭和六年に都市計画事業で、東京環状道路（現在の明治通り）の一部として架け替えられた。構造は、鋼鉄製のタイドアーチ橋である。

二橋ともアーチがレースのようなトラス構造である。このようなアーチ橋をブレーストリブアーチ橋と呼ぶ。復興局が施工したアーチ橋は、アーチが板状のソリッドリブアーチ橋であった。これは四節で述べたように、耐久性を重視してトラス構造を避けたためである。しかし、重さはブレーストリブアーチ橋の方が軽く、例えば、白鬚橋は橋の長さや幅が永代橋と概ね同じであるのに対し、使用されている鉄の重量は半分しかない。その分、施工費も安い。これは、東京府の土木予算が、復興局や東京市に比べ著しく小さかったことから、経済性が優先されたためと思われる。

ちなみに、白鬚橋は昭和四十年代に橋台が沈下し、橋の床も破損したため大規模な補修を施している。一方、永代橋では今まで大規模な補修はしていない。また、現在進めている長寿命化工事では、永代橋の約二倍の費用を要している。やはり、初期投資を怠った影響が出ていると実感した。

さて、震災当時に東京府で橋梁事業を担当していたのは、内務部土木課橋梁係であった。この組織も、大正十一年に発足したばかりで、技術者は数名しかいないという弱小組織であ

3-6-3　（旧）戸田橋（荒川、板橋区・戸田市）

3-6-4　二子橋（多摩川、世田谷区・川崎市）

3-6-5　日野橋（多摩川、立川市・日野市）

3-6-6　（旧）尾竹橋（隅田川、荒川区・足立区）

3-6-7　富士見橋（ＪＲ埼京線、豊島区）

3-6-8　（旧）六郷橋（多摩川、大田区・川崎市）

**増田淳が東京に設計した主な橋**

った。このため二橋の設計は、米国から帰国し、橋梁設計事務所を立ち上げた増田淳を「嘱託」として雇い入れて行われた。

増田は、明治十六年に香川県高松市に生まれ、明治四十年に東京帝国大学土木工学科を卒業。翌年渡米し、樺島正義も勤めた橋梁設計事務所の「ワデル工務所」などに勤め、十四年後の大正十一年に帰国した。この間、携わった橋は三十橋を数えたという。帰国後は、「増田橋梁研究所」を設立した。

当時、国内の橋の大半は木造で、東京市と大阪市を除くと、役所に大規模な橋を設計できる技術者はおらず、独力での設計は不可能であった。県職員による設計は、関東大震災後、復興局などで橋梁技術を取得した技術者が地方の県に再就職する昭和前期まで待たねばならず、大規模な橋の架橋が本格化した大正後期～昭和初期にかけて、米国から帰国し設計会社を興した樺島や増田に活躍の場が与えられたのである。

現在、橋の設計は橋梁設計会社（コンサルタント）に委託される。しかし当時は、設計は計算から図面作製まで全て「官」である役所の職員が行うべきものであった。このため、東京府がそうであったように、設計を任せるために、増田を「嘱託」として雇い入れる形をとった。増田が嘱託になった県は、なんと十七府県に及び、この間設計した橋は七十橋にも上る。増田は戦後を含めても、最も多くの橋を設計した技術者となった。

増田が東京に設計した橋は、二子橋、六郷橋、日野橋、千住大橋、新荒川大橋、東富橋、小松橋、西竪川橋、白鬚橋、尾竹橋、戸田橋、檜村《ひむら》橋、富士見橋、四ツ木橋の十四橋である。アーチ橋、トラス橋、桁橋、ラーメン橋とその構造は多岐にわたっている。どのような構造の橋にも対応できる、技術力の広さが増田の凄さである。

全国に設計した七十橋に目を転じると、さらにバラエティーに富む。可動橋を七橋も設計しており、これらの中で昭和三年に完成した愛媛県の長浜大橋は、現在も可動している。

3-6-9　増田淳

また、戦前に国内に架けられた橋の長さ一位、二位の伊勢大橋（三重県）、吉野川橋（徳島県）も、増田の設計であった。もし彼がいなかったら、それ以後の日本の橋は全く違うものになっていたに違いない。

なぜ、こんなにも多様な橋を、しかも短期間に設計できたのだろうか。もちろん事務所は、彼一人ではなく、数名の設計スタッフを抱えていた。それでもあまりの超人技である。

彼以前、例えば原口要は米国で働いたのは二年であったし、樺島も五年であった。彼らは橋梁技術を学びに行った留学生であった。

それに対し、増田は十四年間も滞在した。学びに行くのではなく、米国で橋の設計を職業とした初の日本人技術者であった。そこで蓄積された技術力は、前任者たちの比ではなかった。在米中、いずれ日本も欧米のように役所ではなく、設計事務所が設計をする時代が来ると考え、その日に備えて図面などを集めていたのかもしれない。だからこそ、帰国しても役人にはならず、民間の設計事務所を立ち上げたのであろう。順風満帆の出足であった事務所経営も、昭和恐慌のあおりや戦争の影響で下降線をたどり、やがて事務所は閉鎖され、再開されないまま昭和二十二年に六十五歳の生涯を閉じた。

　今、私たちは全国各地で増田の設計した橋に会える。その多くが、地域のシンボルになり名橋として多くの人に愛されている。二〇一六年二月、千住大橋の米寿のお祝いが、足立、荒川両区の地域の人たちにより行われた。あまたある隅田川の名橋の中でも、このようなお祝いをしてもらえる橋は他にない。地域の発展に多大な貢献をし、そして住民に長く愛される橋。土木屋冥利に尽きるのではないだろうか。

3-6-10　千住大橋の米寿を祝うイベント

# 7 小河川や運河の橋はこうして決められた

道路や橋を建設する時に、事業期間の長さに最も影響を与えるのが、用地取得の期間である。工事期間は概ね計算できるが、用地買収は所有者の同意に左右されるため時間を計算しづらい。まして帝都復興事業は、世界でも前例のない都市部での区画整理事業で行われたため、換地による用地確保は難航し、工事着手は遅れる一方であった。

このため、復興局橋梁課長の田中豊は復興期間を短縮するために、用地確保が必要となる橋台の大きさを小さくするよう工夫をした。例えば永代橋や清洲橋は、橋の重量をほぼ隅田川内に設けた二本の橋脚だけで支えており、橋台にはわずかな力しかかかっていない。このようにすることで、橋脚の大きさは大きくなるものの、橋台は小さく抑えて、工事期間を短縮できた。

日本橋川や運河などに架かる橋でも工夫が施された。大胆にも橋台を河川や運河の中に設けて、用地取得をほとんど必要としない構

3-7-1　復興局型橋梁（旧）神田橋（日本橋川、千代田区）

造が提案された。この橋台は、水の流れを阻害しないよう中央部分をくり抜いたラーメン式という構造で、橋梁工学では後に「復興局型」と呼ばれることになった。逆説的に言えば、このような構造の橋が架けられた箇所は、用地確保が難航していた箇所と言える。復興局型の橋は、現在も日本橋川の一ツ橋や大横川の法恩寺橋などにその姿を見ることができる。

これにより橋の工事が進み、復興の姿が東京市民の目に見えてきたことで、停滞していた家屋移転にも拍車がかかり、震災復興は目覚ましい進捗《しんちょく》を見せるようになる。メディアはこのような状況を「復興はまず橋から」という見出しで報じた。

東日本大震災の東北の復興状況を見てもわ

かるように、当初は測量や様々な調査、計画や設計などの内業、用地取得や住民説明などに時間を要し、工事はなかなか捗《はかど》るものではない。しかし、その間にいかにして工事期間を短縮するかなどの対策を講じることが重要なのではないかと考える。この関東大震災での「復興局型」の橋はその好例であると思う。

さて、復興事業で架けられた橋は、地域によっても構造や形に違いがある。隅田川の西側には、トラス橋は両国橋の一部を移設した南高橋の一橋しかないのに対し、隅田川の東側の墨東地区にはトラス橋が多く架かる。これは橋の架かる地点の地盤の高さなどが影響している。

現在、橋を架ける時、河川の水面からの高さや橋脚の間隔などは、国が定める「河川構造令」により決められている。このような基準は震災以前には無く、復興事業で初めて定められたものである。この基準は、舟運にと

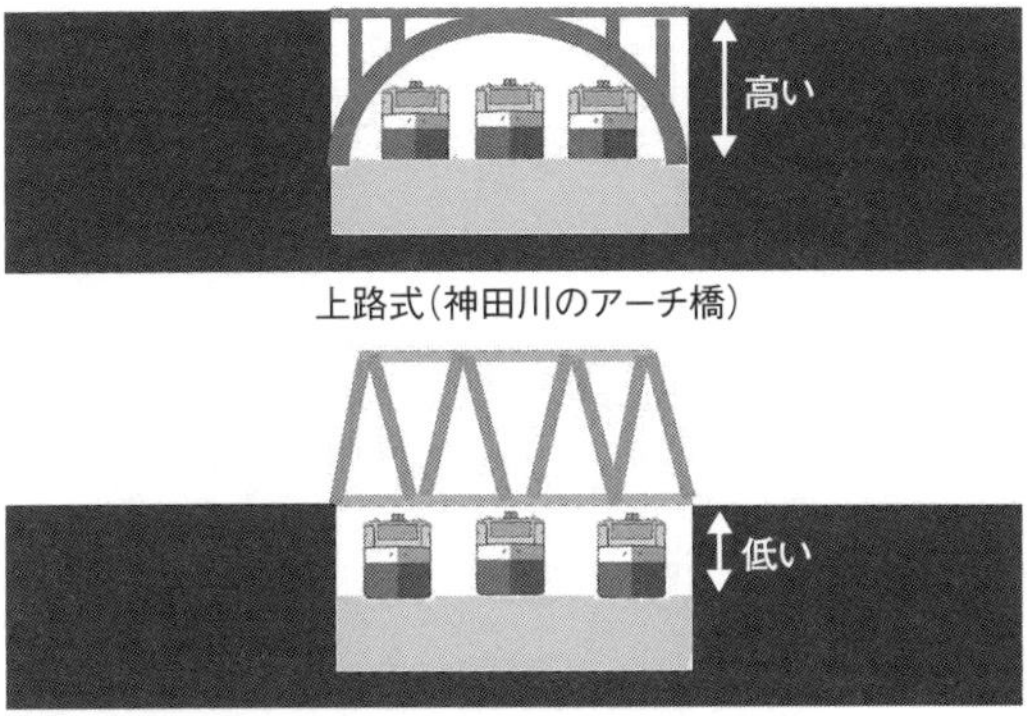


上路式(神田川のアーチ橋)

下路式(小名木川のトラス橋)

3-7-2 隅田川の西側の神田川などでは周辺の地盤が高いため上路式(アーチ)の橋を多く架橋。東側の墨東地区では地盤が低いため下路式(トラス)の橋を多く架橋

3-7-3　江戸橋（日本橋川、中央区）。周辺の地盤の高い日本橋川や神田川などには上路式アーチ橋を多く架橋

って橋が邪魔にならないよう決められたもので、河川や運河の舟運の多さや重要度に応じて、河川ごとに基準値が定められた。

最も舟運が多く、大型船も通る隅田川は、水面（東京湾標準水位）から五・六メートル以上の高さに橋を架けるよう定められた。続いて、小名木川では四・一メートル、神田川、日本橋川などでは三・五メートル、築地川や大横川などでは三・二メートルなど、それぞれ基準値が定められた。また、橋脚と橋脚の間隔は、隅田川で十六・五メートル、小名木川で九・〇メートル、それ以外の川で八・二メートル以上と定められた。

水面からこれらの数値を確保して橋を架ける場合、隅田川の西側の地域は、両岸の土地の高さが高いため、周辺の土地を嵩上げしな

3-7-4 平久橋（平久川、江東区）。東京市は周辺の地盤の低い墨東地区にトラス橋を多く架橋

くても、耐震性が高く橋面からの眺望も良い上路式アーチ橋を架けることができる場所が多かった。また、地盤も比較的固く良好のため、構造的にも上路式アーチ橋は適していた。例えば神田川では、ほぼ全てに上路式アーチ橋が架けられた。

しかし、隅田川の東側の墨東地区は、土地の高さが低く地盤も軟弱である。水面から前述した数値を確保し、上路式アーチ橋を架けることは、両岸の宅地の大幅な嵩上げが必要になることなどから適さなかった。

このため、この地域では、橋による周辺の土地の嵩上げをできるだけ抑えるために、トラス橋やゲルバー鈑桁橋が多く架けられた。ただし、トラス橋を架橋したのは東京市だけで、復興局はトラス橋ではなくゲルバー鈑桁

3-7-5　（旧）江東橋（大横川、墨田区）。復興局では周辺の地盤の低い墨東地区にゲルバー鈑桁橋を多く架橋

橋を多く架橋した。これは、四節でも述べたように、復興局が耐久性の面からトラス橋を避けたことに加え、復興局が施工する橋は、東京市が施工する橋に比べ幅が広い幹線道路であり、幅が広くなるとトラス橋よりゲルバー鈑桁橋の方が工事費の安くなることなども影響した。このように、主に周辺の土地の高さや橋の幅によって、東京の小河川や運河の橋の形は決められていったのである。

橋は、区画整理による周辺の道路や土地造成に先立って建設されていった。当時の状況について、復興局の田中豊や成瀬勝武は、復興後に土木雑誌の対談で次のように述べている。「復興は橋よりというので、街路の完成を待たないで橋を先に架けたので、高架橋のような橋ができた。船のことを考えてやった

3-7-6　（旧）龍閑橋（（旧）龍閑川、千代田区）。たいへん珍しい鉄筋コンクリート製のトラス橋であった

から全体に橋が高い。本所深川あたりの家は橋が出来上がってそれに順って高く建てる。道路は未だ土盛りをしているところもある」「九段の辺では石垣を見て歩き、下町では家並みを見て歩いて、隅田川を渡ると屋根の上を歩く」。これから察するに、墨東地区に架けられた橋は、トラス橋やゲルバー鈑桁橋を架けるなど工夫したにもかかわらず、周辺の地盤に比べてかなり高かったことがわかる。復興事業の当初は、隅田川の東側には屋根の上に橋や道路がある、不思議な風景が広がっていたのである。

さて、震災復興では実験的な橋も架けられた。その代表作が、鉄筋コンクリートトラス橋の龍閑《りゅうかん》橋である。震災復興で橋梁技術は飛躍的に進歩し、その後の我が国の橋梁技術の発展にも多大な影響を与えた。しかし、この龍閑橋と同構造の道路橋は、これ以後架けられることは無かった。コンクリートはトラス構造には適さなかったのである。残念ながら、復興事業では珍しく失敗作であったと言える。

戦後、この橋が架けられていた龍閑川は埋め立てられ橋も撤去されたが、橋桁の一部分が内神田の外濠通り沿いの小公園に保存・展示されている。戦後の東京都の技術者が、珍しい橋であることから撤去を惜しみ保存したのである。近くを通ったらぜひ訪れてほしい。失敗作ではあったが、復興局の技術者たちの熱いチャレンジ精神の一端が感じられると思う。

さて、地方の県庁所在地を訪れると、町の中心地で戦前に架けられた古い橋をよく目にする。これらは大抵、昭和一桁の世界恐慌時に、失業対策として公共事業で建設されたものである。震災復興事業の終了と同時に、培われた最新の橋梁技術は、成長した多くの技術者とともに、失業対策事業の道路・橋梁建設のため、全国へ普及していったのである。

関東大震災は、東京市だけで七万人の命を奪った大変不幸な災害であったが、もし震災が無かったら、このような技術力は育たず、日本の都市の近代化はもっと遅れていたことであろう。そして空襲ではもっと多くの人命が失われ、戦後の復興や経済成長もままならなかったかもしれない。とかく批判されがちな公共事業ではあるが、様々な側面を持ち、奥が深いものであるということを、これら震災復興の橋は訴えているような気がする。

# 8 二つのコンクリートアーチ橋

**成瀬勝武**

お茶の水の神田川に架かる聖橋。この橋を見ると、さだまさしの『檸檬《れもん》』という歌を想い出す。歌では主人公の彼女が聖橋からレモンを投げる。コンクリート橋のグレーの世界をバックに、黄色いレモンが一筋の軌跡を描き落ちていき、やがて神田川に波紋を残す。青春の別れを描いた名曲である。この橋を見ると、学生時代を想い出すという人も多いのではないだろうか。神田川の渓谷を一跨ぎする雄大なアーチ、これだけ風景に調和した美しいコンクリートアーチ橋は他に無い。

この橋も、関東大震災の復興で架けられた。ＪＲ中央線と神田川、外堀通りを跨ぎ、神田川の部分は鉄骨コンクリートアーチ橋、両側のＪＲ中央線と外堀通りの部分は桁橋である。両側の桁橋は鋼鉄製であるが、桁の表面にコンクリートを貼り付け、全体をコンクリート橋に見せるという演出をしている。

橋の設計者は復興局の技師で、後に田中豊に次いで橋梁課長になる成瀬勝武で、デザイ

3-8-1　架橋直後の聖橋（神田川、千代田区・文京区）

ンは十一節で述べる建築家の山田守が担当した。震災復興では、隅田川の大型橋梁では、設計などに成瀬の名前は出てこないが、神田川や日本橋川の橋では頻繁に名前が出てくる。これら中小河川や運河では、橋の計画は成瀬が主体となり案を作り、田中ら上司へ上げていったものと思われる。成瀬が関係した主な橋を挙げると、聖橋の他、外濠川の数寄屋橋と八重洲橋、日本橋川の神田橋、鎌倉橋、江戸橋、雉子《きじ》橋等があり、他に次節で触れる豊海橋も、成瀬が原案を作った。

成瀬は、明治二十九年に東京に生まれ、大正九年に東京帝国大学土木工学科を卒業し、猪苗代水力発電所へ就職した。この理由について成瀬は後に自伝で、「卒業論文では鉄筋コンクリートアーチ橋を扱ったが、就職は役

3-8-2　成瀬勝武

人の堅苦しさを避けた」と述べている。この会社は大正十二年、東京電力の前身である東京電燈株式会社に吸収される。これらの会社では、ダムの新設計画や修復などを担当しており、橋の設計などには携わっていなかった。
　震災を機に、成瀬は帝都復興院（後に復興局）へ転ずる。成瀬はこの動機について、「焼野の茫漠たる東京の大火災区域に整然たる都市計画事業を施行することには大きな誘惑を受けた」からと述べている。成瀬は土木部長太田圓三を紹介され、橋の建設に携わりたい旨を伝え、橋梁課の技師として配属となった。田中は成瀬に、約百五十橋に及ぶ橋の設計やそれに関する予算の取りまとめや広報の仕事なども担当させた。橋梁事業の中枢をこの二十七歳の青年に任せたことになる。田中は成瀬を一瞥《いちべつ》して、その能力を見抜いたのであろう。
　さらに、田中は復興事業後半には、復興橋梁事業を記録に残すこと、設計計算書や図面を保存することの重要性を説き、この取りまとめも成瀬に委ねた。これらは、『帝都復興誌（土木編）』や『復興橋梁図面集』などとして発刊され、橋梁技術の発展に大きな役割を果たしただけではなく、今日これらの橋を管理する私たちにとっても、またとない財産になっている。一方、東京市は、復興局のように資料を製本するなどしなかったために、復興当時の貴重な資料は散逸してしまった。これらの作業を通じ、成瀬は恐らく、田中豊以外では唯一と言える、復興橋梁事業全体を俯瞰できる技術者となった。

成瀬は、昭和四年に橋梁課長に就任するが、昭和五年には復興局は解散し、出来たばかりの日本大学土木工学科の教授へと転じ、戦前戦後を通じて我が国の橋梁技術のリーダーの一人となっていく。成瀬は多くの著作を残したが、その中に橋が造り出す美について論じたものが多い。恐らく橋梁技術者や学者の中で、最も多く「橋の美」について語り、残した人物であったのではないだろうか。

さて、成瀬はその後も、東京市とは大きなプロジェクトのたびに関係を持ち続ける。昭和五年には勝鬨橋設計の技術顧問として東京市橋梁課の嘱託に就任する。昭和十二年には当時の東京市最大の土木プロジェクトであった小河内《おごうち》ダム建設に当たり、奥多摩町の中山橋の設計を委嘱される。建設は戦争での中断を経て戦後再開され、奥多摩湖に架かる五橋の計画も委嘱された。この五橋とは峰谷《みねたに》橋、深山橋、麦山橋、鴨沢《かもざわ》橋、坪沢橋で昭和三十二年に完成している。奥多摩湖では、湖の北岸の地形に沿うように青梅街道が走り、長いトンネルは無い。これは観光地として、湖の視点場を多く提供しようという道路計画に基づくものであった。このため、橋も美しいデザインで凝った構造となっている。峰谷橋は支間長百二十三メートルと当時国内最長のア

3-8-3　国内唯一のマイヤール型コンクリートアーチ橋である坪沢橋

ーチ橋、深山橋は支間長九十メートルでランガー橋としては国内最長、麦山橋はアーチの下が窄《すぼ》まった三日月アーチ橋と呼ばれる国内初の事例、鴨沢橋は当時最先端をいく溶接橋梁、坪沢橋は国内唯一のマイヤール型の鉄筋コンクリートアーチ橋。戦争により働き盛りを抑えられてきた、成瀬のうっ憤が一挙に発散されたようなラインアップである。

この中でも特筆されるのが坪沢橋である。マイヤール型とは、二十世紀初めに活躍したスイスの橋梁技術者の名前にちなんで名付けられたもので、彼が造り出した現代彫刻を思わせる独創的な造形は、今でも世界に多くのファンがいる。成瀬は昭和三十三年一月号の『土木技術』という雑誌にマイヤールの作品を紹介する論文を寄稿している。紹介されて

3-8-4　坪沢橋

3-8-5　マイヤールが設計したスイスにあるアルベ橋（『土木技術』1958.1）。坪沢橋と形状がたいへん似ている

いる作品の一つ、アルベ橋の写真を見て驚いた。坪沢橋とそっくりなのである。坪沢橋はこの橋のコピーだったのである。これからも、成瀬がいかにマイヤールに心酔していたかがわかる。成瀬は、この論文を次のような文で締めくくっている。「橋は強度と剛度の以外に造形美についての満足が必要なことは自明である。（中略）現代の橋の技術者、特に日本の橋の技術者は、単に構造力学や材料学や施工技術だけで橋を解決せずに、その橋の形態が表現するものについて、マイヤールに学ぶべき点の多いことを終言として強く主

張したいものである」

聖橋がアーチの柔らかい曲線が造り出す美しさを強調した橋であるならば、坪沢橋はアーチが本来相いれない鋭角の美しさを持ったコンクリートアーチ橋である。一般的にはアーチ橋は坪沢橋のように扁平な形状には、構造的にも景観的にも適合しないものと言われている。しかし、この橋は美しい。また、橋の両端と中央に三つのヒンジを設けることで、構造的にも理にかなったものとしている。若い技術者や土木を学ぶ学生たちには、ぜひ聖橋と坪沢橋を見比べてもらいたい。二つのコンクリートアーチ橋からは、成瀬が一貫して伝えたかった「橋の美とはなにか」「橋の姿とはどうあるべきか」の答えが、おぼろげに見えてくると思う。

# 9 日本初のフィーレンデール橋

## 豊海橋

隅田川には多くの河川や運河が注ぐ。その最も河口、つまり隅田川寄りに架かる橋の形は全て異なることをご存じだろうか。これは、震災復興の架橋に当たり、橋の形を見ただけで河川の名がわかるようにと取られた措置であった。当時の河川や運河は埋め立てられて姿を消したものも少なくないが、残っているものを挙げただけでも、神田川の柳橋、小名木川の萬年橋、北十間川の枕橋、亀島川の南高橋など、全て異なる形の橋が架けられている。隅田川が大橋梁の展覧会なら、さながらこれらの橋は、中小橋梁の橋の展覧会というところであろうか。その中でも特徴的な姿を映すのは、日本橋川に架かる豊海《とよみ》橋である。

この橋の構造はフィーレンデール橋という。

フィーレンデールという橋の構造があることを、土木の技術者でも知らない人は多い。それくらいレアな構造である。外観は梯子《はしご》を横にして架けたような形をしており、広義的にはラーメン橋という構造に分類される。こ

3-9-1　架橋直後の豊海橋（日本橋川、中央区）

の橋はベルギーのフィーレンデール博士が考案したことから名付けられたもので、あまたある橋梁構造の名称の中でも最もおしゃれな響きを持ったものだと思う。当時、最新型の構造で国内初の施工であったばかりでなく、米国や英国などの橋梁先進国でもまだ施工実績が無かった。

土木学会では、次世代に残す貴重な土木構造物として土木遺産というものを定めている。豊海橋は、隅田川に架かる駒形橋や吾妻橋でもBランクの中、永代橋や清洲橋と並ぶ最高のAランクの指定を受けている。Aランクとは土木学会が、国の重要文化財にも相当すると認定したものである。豊海橋は大きな橋ではないが、実は隠れた名橋なのである。

日本橋川は永代橋のすぐ脇で隅田川に注ぐ。

3-9-2　福田武雄

隣接する永代橋の雄大なフォルムに景観的に調和するには、小さくても見劣りがしない力強いフォルムを持つことが求められ、この構造が選択された。震災復興で架けられた橋は、すでに多くが撤去され姿を消した。せめて、この橋のように貴重な構造の橋は、震災復興の遺産として、現在の姿のままに残していってほしいものだと思う。

豊海橋をフィーレンデール橋にしようと考案したのは復興局技師の成瀬勝武で、橋梁課長の田中豊へ提案して構造が決定された。戦前に国内に架けられたフィーレンデール橋は、わずか三橋しかなかった。このように少なかった理由は、現代でこそコンピューターの発達により構造計算が容易に行えるようになったが、計算がたいへん複雑なためである。震災復興で架けられた橋の中で最も複雑であったと言っても過言ではない。なお、戦前に架けられた他の二橋は、岩手県の新黒沢橋と、十一節で紹介する建築家の山口文象《ぶんぞう》が、豊海橋の形に惚れて、富山県の黒部川第二発電所への連絡橋として設計した目黒橋である。山口は、成瀬が田中へ豊海橋の案を上げる時、説明用に完成予想図も描いている。

さて、この橋の複雑な構造計算を行うのに田中が白羽の矢を立てたのは、東京帝国大学を出て復興局橋梁課へ入ったばかりの弱冠二十二歳の福田武雄であった。田中が見込んだ

3-9-3　福田武雄が設計した萬代橋（新潟市、信濃川）

ように福田はこの設計を見事にやり終え、一年後には東大になんと助教授として呼び戻されている。その後、東京大学生産技術研究所の前身の第二工学部設立の中心者となり、戦後は東京大学教授を退官後は、千葉工業大学学長や土木学会会長を歴任するなど日本土木界の重鎮となっていく。

福田は昭和四年、田中の指導を受け、もう一橋、我が国の橋梁史に残る名橋を設計した。現在も新潟市のシンボルとなっている萬代橋である。橋長約三百メートルの当時国内最長のコンクリートアーチ橋であった。側面には御影石が貼られ石橋をほうふつさせ、雄大で重厚感あふれるフォルムは、国内で最高のコンクリートアーチ橋と評価されており、平成十六年には国の重要文化財に指定された。この橋の評価をさらに上げたのは、昭和三十九年に新潟を襲った新潟地震であった。地震のわずか一カ月前に開通したばかりの昭和大橋が落橋するなど、戦後架けられた橋の多くが通行不能に陥る中、戦前に架けられたこの橋は地震に耐え抜き新潟市民の避難と復興を支えた。関東大震災で培われた技術力と福田の卓越した設計が、戦後の経済性を重視した設計に勝ったと言える。

次文は昭和四十二年に福田が田中豊の死に当たり、追悼文集に寄稿したものである。時代は高度経済成長期で大量生産が奨励された時代であり、橋も工費は安く、工期は短くの経済設計が強く求められた時代であったが、この文から福田が晩年に危惧していたことを察することができる。

「現在橋を架ける場合、設計の良否よりも、鋼重が一トンでも少ない方、また一円でも安い方を採用する傾向があるが、震災復興ではこんな馬鹿げたことは無かった。当時は橋の型式が架橋地点の各種の条件に適切であり、設計が合理的であり、かつ現在及び将来にわたって十分に安全であるか否かが本質的な問題と考えられ、工費の大小は第二義的に考えられた。これは現在においても全く当然のことであるが、震災復興で設計された永代橋、清洲橋、言問橋その他の諸橋が現代の重交通に対してもなお、その役目を十分安全に果たしていることは、田中豊先生を長とした復興局橋梁課の功績である」

二〇一五年、ザハ・ハディド氏が当初設計した新国立競技場の設計が見直された。今後、百年間使い続け、日本を代表する建築物であるにもかかわらず、結局、見直しに当たって重点が置かれたのは、建設費の削減と工期の短縮であった。ザハ・ハディド氏の設計案で話題となった屋根を支えるキールアーチは、橋梁ではタイドアーチ橋という構造に当たる。これは九十年前に架けられた永代橋と同じ構造である。今、福田らの震災復興を成し遂げた技術者たちが生きていれば、どのように考えるのか問うてみたい気がする。

# 10 東京市の橋梁技術者たち

　東京市は震災復興で、約三百橋の橋を架けた。橋の規模が、復興局が架けた橋に比べ小さいため、一概に比較できないが、復興局の約二倍の量の橋を手掛けたことになる。

　ここで、東京市橋梁課の歴史を追ってみたい。明治三十一年に東京市役所が設立、東京市内の土木行政が東京府から移管され、土木部土木課が設置される。明治四十一年に土木部が土木局に改正され、全国初の橋梁専管組織である橋梁課が誕生し、樺島正義が初代課長に就任する。大正四年に職制が改正され、土木局は土木課に名称変更となる。これに伴い橋梁課は土木課橋梁掛となり、樺島は橋梁掛長になる。なお、樺島は二年後の大正六年に現在の東京都建設局長にあたる土木課長に就任する。大正九年に再度職制が改正され、道路局が誕生する。そして大正十一年に道路局の中に橋梁課が復活する。この時は課長一人、技師四人、技手三十人、嘱託二人の計三十七人という組織であったが、大正十二年に

3-10-1　谷井陽之助

関東大震災が発生、震災復興に伴い組織は膨張し、昭和三年には百四人という巨大組織となった。

樺島は大正十年に退職し、その後を継いで橋梁掛長になったのは花房周太郎であった。花房は明治四十四年に京都帝国大学土木工学科を首席で卒業し、樺島の指導の下、鍛冶橋や呉服橋の実施設計を行うなど、樺島の右腕であった。しかし、後を継いだ直後に病気を患って休職している。

その後を継ぎ、橋梁掛長になったのが谷井《やつい》陽之介《ようのすけ》であった。谷井は、明治二十五年に和歌山県に生まれ、大正五年に九州帝国大学土木工学科を卒業し、東京市に入庁。一石《いっこく》橋の設計を行うなど、花房と共に樺島を支えた。谷井はその後、震災復興最盛期の大正十二年から昭和三年にかけて、東京市の橋梁課長を務めた。なお、関東大震災の当日、谷井は欧米の橋梁視察のため出張でローマにいたが、地震を受け予定を二カ月早めて十一月に帰国する。帰国後は、課長在任期間からもわかるように、橋梁の復興の陣頭指揮を執り、彼の指導の下、計画が立てられていった。

東京市では地震の三日後の九月四日から橋の復旧工事に着手した。工事は工兵隊の手助けを受け、市の職員による架橋班を二十四班組織し、焼失した橋に代わる仮橋の架橋を行った。市の材料置き場も焼失してしまったた

3-10-2　吾妻橋開通式典での小池啓吉（左）。中央は長田東京市長

めに、当初は材料を入手するのに手間取ったが、日本の商社の草分けの一社である鈴木商店から多量の米松《べいまつ》の寄付を受け、これにより橋材を確保し、仮橋を設置していった。仮橋を架けられず、輸送ルートが確保できなければ、被災者の救援救護も復興も成し得なかった。本設の橋は架かるまでには数年を要した。つまり、これらの仮橋が東京の復興を支えたのである。鈴木商店と言えば、大正七年の米騒動や、昭和初期の大恐慌での大型倒産など負のイメージが強いが、震災復興に果たした役割は大きく、東京の恩人と言えるのではないだろうか。仮橋は九月七日に十四橋が完成したのを皮切りに、翌年三月までに二百五十三橋を完成させた。その幅はまず九尺で架橋され、その後、順を追って二十四尺まで拡幅

3-10-3　架橋直後の御茶ノ水橋（神田川、千代田区・文京区）

3-10-4　滝尾達也

されていった。

この震災復興で、谷井を支え、事業の中心を担った技師に小池啓吉と滝尾達也がいる。小池は大正八年に東京帝国大学土木工学科を卒業して東京市に入庁した。震災復興では、設計掛長として、吾妻橋、厩橋、両国橋等の設計を主導している。また、東京市の架けた橋では、隅田川の三橋に次ぐ規模である鋼鉄製のラーメン橋の御茶ノ水橋の設計を行った。東京市の架けた橋は、客観的に見て、構造の斬新さという面では復興局の後塵を拝していると思うが、御茶ノ水橋だけは斬新さが際立つ。鋼鉄製のラーメン橋は、震災復興以前には国内に施工例は無かった。直線的な外観は、下流のアーチ橋の聖橋と景観的に対をなし、互いの橋を引き立てている。永代橋、清洲橋と並び、東京の橋が造り出す景観の中でも最も優れたものであると思う。ところで小池は、新構造の橋を御茶ノ水橋のような大規模な橋に、初めて用いるのを躊躇したようで、あらかじめ小規模な橋で試験施工をしている。それは国内初の立体交差橋であり、国立競技場のすぐ北側で外苑西通りを跨ぐ外苑橋である。この橋で問題がないことを確認した上で、御茶ノ水橋を設計し架橋していったのである。

戦後も最新形式で大規模な橋を架ける場合に、小規模な橋で試験施工を行うことがある。例えば、熊本の天草五橋を代表するパイプアーチ橋の松島橋の試験橋は、青梅市の多摩川に架かる和田橋であるし、明石大橋のアンカレイジを造るのに用いられた流動化コンクリートや特殊型枠は、江東区の木場公園大橋で初めて使用されたものである。さしずめ、外苑橋は試験施工のはしりとなるものであった。

滝尾は、大正十一年に東京帝国大学土木工学科を卒業して東京市に入庁した。橋桁、橋脚、橋台などパーツごとに分業して行われた吾妻橋、厩橋、両国橋等の設計について、小池の下で取りまとめを行ったのが滝尾である。滝尾は震災復興以降も東京市の橋梁事業の中枢を歩み、勝鬨橋の建設では、設計係長として設計を統括した。戦後は、東京都建設局長も務めている。

震災復興の最盛期には、国内最大の橋の建

3-10-5　御茶ノ水橋のモデルになった外苑橋

設部隊になった橋梁課であったが、震災復興の終焉に伴って事業量は激減し、昭和七年には河川、港湾事業と合併して河港課となり姿を消した。東京の橋は震災復興で一新され、補修も必要ない状況になったためであった。

橋梁課長を務めた谷井は昭和三年に橋梁課長を辞職。体調を崩したのがその理由とされている。想像を絶するような激務であったろうから、それも無理からぬことであったろう。その後、東京鉄骨橋梁株式会社の設立に参加して工場長に就任した。

小池も体調を崩し、昭和七年に東京市を退職し、翌年生まれ故郷の富山県の嘱託になっている。富山県では、富山市のシンボルとなった富山大橋を始め多くの橋を設計した。また昭和十二年には兵庫県土木部技師に、昭和十四年には栃木県土木課長、昭和十九年には宮城県土木部長などに就任している。この本をまとめるにあたり、小池啓吉氏のアルバムをご子息の小池修二氏（株式会社宮地鉄工所元専務取締役）からお借りした。このアルバムを開いて驚いた。そこには大きく引き伸ばされた樺島正義の写真があった＝（写真2－8－1）。谷井は長年、樺島を師と仰いでいたことが知られている。小池もまた樺島を師と仰いでいたであろうことが、この大きな写真から強く伝わってきた。

東京市を辞めた谷井と小池は、彼らの師である樺島がそうであったように、生涯、橋梁技術者としての道を歩もうとしたのであろう。橋には携わった者にしかわからないそうさせるだけの魔力がある。なお、昭和七年に消滅した橋梁課が再び組織されるのは昭和十五年、たった二年間の復活であったが、その時の橋梁課長は前述した滝尾であった。のちに橋梁課が本格的に復活するのは戦争を挟んだ昭和二十八年で、その時の建設局長も滝尾であった。彼もまた魔力に取りつかれた一人であったのかもしれない。

# 11 若き橋のデザイナー

## 山田守・山口文象

現在、愛知県の明治村に、明治四十五年に隅田川に架けられた新大橋の一部が移設されている。この橋は、橋門構の周りも欄干もまるで蔦《つた》のような鉄製のレースで飾られている。この時代の東京の橋のデザインを一言で表すなら、この「レースのようなデザイン」がキーワードであった。木橋であっても、多くの橋にレースのような繊細なデザインの欄干が設置されていた。建築も工芸品もウィリアム・モリスの絵画に代表される、アール・ヌーヴォーが隆盛を極めていた。東京の橋のデザインは、この建築界などの世界的流行を取り入れたものであった。

これらの橋の多くは、関東大震災で火災の被害を受けたことなどで架け替えられ、その際デザインの世界では既にアール・ヌーヴォーの流行は去っていたため、東京からアール・ヌーヴォーの橋は、新大橋を残して姿を消すことになった。

関東大震災の震災復興により、東京の橋は

3-11-1　愛知県の明治村に移設された（旧）新大橋の橋門構。アールヌーボー調のレースのような飾りが特徴

3-11-2　山田守

架け替えられ、それに伴い欄干や親柱のデザインも一新された。復興局土木部長の太田圓三や橋梁課長の田中豊らは、これらのデザインについては、二章八節で述べた樺島正義と同様に建築家に任せるべきと考え、建築職員を多く抱えた逓信省営繕課に目を付け、そこから若手職員を橋梁課へスカウトした。これらの職員により、復興局で架けられた百五十橋の欄干や橋灯、親柱などがデザインされることになった。

この中心を担ったのが、戦後に日本武道館や京都タワーを設計する大建築家となった山田守と、我が国のモダニズム建築の第一人者となった山口文象《ぶんぞう》であった。山田守二十九歳、山口文象に至っては弱冠二十二歳であった。山田は、大正九年に東京帝国大学建築学科を卒業し、帝国大学出の建築家が多く集まるエリート技術者集団であった営繕課に就職した若手のエリート技術官僚であった。一方、山口は大工を育てる職工徒弟学校を出て大工になるも、建築家への夢を捨て切れずに大正九年に図工として営繕課に採用になった。当時、図工は技術者ではなく職人として扱われ、トイレや食堂も別というように待遇面でも大きな差があった。しかし、山口は才能を山田等に認められ、デザインの一部などを任せられ、建築家の道を歩み出すことになった。さらに彼の才能は、震災復興の橋梁のデザインに関わることで、一挙に開花することになった。

3-11-3　山口文象

　さて、建築の世界ではアール・ヌーヴォーの次の流行は、旧朝香宮邸（現東京都庭園美術館）に代表されるアール・デコである。震災復興の時期はこの流行の真っ只中に当たるが、震災復興の橋で影響を受けたものは僅かである。多くは、欄干であれば縦格子のシンプルなもの、親柱は一時代前の巨大なものから小さくなり彫刻も無く、場合によっては永代橋のように親柱を設けない橋も出現した。ましてアーチ橋の側面を飾り板で塞いだり、トラス橋の橋門構に鋳物製の飾りを付けたりする橋は皆無であった。橋の構造美を前面に押し出し、飾りは極力排除された。

このようなデザインとなったのは、山田や山口らが分離派という当時最先端を行く、表現主義やモダニズムの研究グループに属していたことが大きい。建築様式で言えば、アール・デコを飛び越え、表現主義やそれ以降現代にまで続くモダニズムを先取りした最新のデザインを作り上げた。これは太田や田中の意図するところでもあった。

太田や田中が、橋のデザインについてどのように考えていたかを示す記録が残されている。太田は次のように述べている。「ドイツのある大家が言った『目的に合った構造物は必ず美しい』、無論これは美の全部を説明しているのではないが、充分一つの真理を持っている。橋梁の様な力学的構造では、これは重要な要素であって、力学的の美しさが橋梁の美しさの過半を占めると言っても決して過言はあるまいと思う。（中略）浮華軽薄《ふかけいはく》な流行的装飾や不愉快な意匠や退嬰的な悪趣味を棄てて、そのデザインには、もっと本道的な力ある心をその主題にしたい」。田中も次のように述べている。「構造物の美観の永続性は、構造物主体それ自身の持つ美以外に何物も存するとは考えられない」「隅田川の橋は飾りがないのがいい。世界にも珍しい、何にも飾りがないのは。本質をそのまま現わしてあまり装飾を施さないで、そうして一つの調和を保った設計が一番良い」。彼らは、橋の美は装飾によって生まれるのではなく、橋が造り出す構造美にこそあると考えていた。

山田や山口が行ったデザインの範囲は、単に欄干や親柱、橋灯など、いわゆる橋の付属物のデザインだけには留まらなかった。例えば、御茶ノ水駅前の神田川に架かるコンクリートアーチ橋の聖橋は、骨格となる土木の設計は復興局技師の成瀬勝武が行ったが、特徴あるアーチ橋側面に開けられた上側が尖ったパラボラ型と呼ばれる小アーチは表現主義を、表面の化粧モルタルを施しただけのコンクリートを強調したディテ

3-11-4　永代橋。親柱を設置していない

3-11-5　永代橋の高欄も飾りの無いシンプルなデザイン

3-11-6　現在の聖橋。アーチ上に設けられた小アーチ（先が尖ったパラボラ型のアーチ）は建設時のまま。ただし、表面は平成初期の補修工事により石橋を模した模様が付けられている

ィールはモダニズムの影響を受け、これらはいずれも山田のデザインによるものであった。山口は自ら代表作として有楽町駅前に架けられた数寄屋橋を挙げているが、この橋も装飾性を排除し構造美を前面に打ち出したモダニズムのデザインであった。また、清洲橋のチェーンが造り出す美しいカテナリー曲線も山口のデザインによるものであった。

永代橋や清洲橋などの構造が、世界最先端を行くものであったばかりでなく、デザインもモダニズムという世界最先端を行くものであったのである。やがて、日本を代表する建築家になる彼らだからこそ成し得たのかもしれない。震災復興による近代都市東京の出現、それは近未来的な橋のデザインから強く体感できたのである。

3-11-7　山口文象の代表作（旧）数寄屋橋（（旧）外濠川、千代田区・中央区）。モダニズムの色が濃くただよう

しかし、震災復興で復興局が架けた中に、小さな橋では、親柱が大きいものや様式的なデザインのものもある。その理由について、田中は次のように述べている。「小さい橋のデザインをする時に、一つは橋の存在を認めさせるという考え方、もう一つは橋の存在を認めさせないという二つの考え方がある。後者であれば親柱など置かない方がいい。しかし昔から有名な橋や名所という場合には、橋の存在を認めさせる具合にした」。例えば、山口は、浜離宮の正門に架かる南門《なんもん》橋は「離宮の前なので様式的デザインにしてくれ」と田中から頼まれデザインしたことや、東京駅の八重洲口前の外濠に架けられた八重洲橋は、太田圓三の弟の木下杢太郎のデッサンをもとに、スパニッシュスタイルでデザインしたこ

3-11-8　浜離宮前に架かる南門橋（築地川、港区）。山口文象のデザインによるが、必ずしも彼の意に沿うものではなかった

とを、のちに述べている。

さて、震災復興で架けられた橋の橋灯などは戦後に更新され、オリジナルのデザインは姿を消してしまった。また聖橋の良さについて、田中は「コンクリートを石に見せるような線を付けてはいけない。コンクリートの生地をそのまま出して一つも欺いていない。そういう点が非常にいい」と述べているが、平成初めの修景事業によって、コンクリートアーチの表面には、石橋を模して、細かく砕いた石の粒が吹き付けられ、石を積み上げたように見せる線が付けられてしまった。

現在、東京都では重要な橋について、今後百年以上延命させる長寿命化事業を進めている。この事業では、単に構造の延命だけに留めるのではなく、永代橋や清洲橋、聖橋など

3-11-9　東京駅八重洲口前に架けられた（旧）八重洲橋（（旧）外濠川、中央区）

では、戦後失われてしまった震災復興時の橋灯などのデザインについても復元を予定している。それは、次世代に正しい都市の記憶を伝えることでもあり、また東京に素晴らしいインフラを残してくれた、山田や山口ら若き橋のデザイナーたちへの恩返しであると考える。

# 12 震災復興で導入された橋の新技術

　我が国で最初の鉄橋は、幕末の慶応四年に長崎市に架けられた「くろがね橋」である。設計はオランダ人のフォーゲルで、橋は英国からの輸入品であった。その後、道路橋では設計は、二章で述べた原口要や原龍太など日本人が行い、橋の製作も石川島造船所など国内の工場で行えるようになったが、材料となる鉄は英国や米国、独国、ベルギーなどから輸入された。このような傾向は、概ね明治期を通じて続いた。

　一方、震災復興では、製鉄から橋の設計、製作、施工、ほぼ全て日本人の手で行われた。しかも、永代橋や清洲橋などに世界最先端の橋梁構造を採用し、設計・施工を成し遂げた。このため、復興橋梁は明治以来、外国の技術を導入してきた日本の橋梁技術にとって、卒業試験に例えられる。

　その中で唯一、外国の技術供与を受けたのが、永代橋の基礎工事であった。永代橋周辺は地盤が悪く、地下三十メートルまで掘らないと強固な地盤は出ない。このように深い所に基礎を造る技術は、当時の日本には無かった。そこで復興局土木部長の太田圓三は、鉄道院の後輩で米国に視察に行っていた白石多士良の助言を受け米国の最新技術であったニューマチックケーソン工法※の導入を決めた。太田は白石を復興局嘱託に任じニューヨーク・ファウンデーション・カンパニーから施工機械一式を購入させ、さらに米国人技術者三人を雇い入れて日本人技術者の指導に当たらせた。

これには、国産の技術にこだわる者、外国企業に基礎工事一式を請け負わせてしまえばいいという者など反対が多かったようで、太田は大正十三年七月に土木学会で行った「帝都復興事業に就て」という講演会で、かなりの時間を割いて反論をしている。

要旨は、▽橋を造る上で基礎は大事であり、手を抜いてはいけない▽世界で最先端の技術を直接見ることが重要で、将来の進歩につながる▽外国の企業に全て請け負わす方が楽かもしれないが、それでは技術者は育たず新しい技術力も得られない――ということであった。

太田の言葉を証明するのに時間はかからなかった。永代橋の工事で指導を受けた復興局

**※ニューマチックケーソン工法**

地上でコンクリートの箱を構築し、箱の底を掘削しながら、所定の深さまで箱を沈下させて橋などの基礎にするもの。掘る時に箱の底に水が入らないように、気圧の高い空気を箱の底の下に送りながら掘削する。

の技術者は、続く清洲橋の基礎工事では独力でニューマチックケーソン工法を施工し終えた。さらに言問橋でも施工を行い、その後、吾妻橋では役所の施工ではなく、銭高組の請負という形で、短期間で民間へもその技術を拡大させていった。

この工法は近年では建物の基礎工事などにも用いられ、中央環状品川線の中目黒換気所の基礎工事では深さ七十メートルという世界最深記録も打ち立てている。

もう一つ、震災復興の橋梁工事で用いられた新技術を紹介したい。隅田川の橋で永代橋と清洲橋といえば姿の美しさから、人気で一、二位を争う。この美しい形を造り出すために、ある特殊な鋼材が使われた。

永代橋のようなアーチ橋は長い距離に橋を架けるのに適した構造である。しかし、アーチ形を保持するためには、アーチの下端同士を鋼材でつなぐ必要がある。これを「アーチタイ」というが、永代橋のように橋の長さが百メートルにもなると、アーチタイに大きな張力が生じる。

清洲橋のような吊り橋も、同様に長い距離に橋を架けるのに適した構造である。現在、吊り橋にはピアノ線を束ねたケーブルを使用するが、当時は国産で信頼できるケーブルが製造できず、外国産は高価であったことなどから、鉄板を重ねてチェーンのようにつなぎ合わせたチェーン吊り橋構造を採用した。現在はピアノ線を用いることからもわかるように、この箇所にも大きな張力がかかる。

復興局橋梁課長の田中豊は、このように大

きな張力がかかる箇所では、通常の鋼材を用いると、これらの部材が大きくなり、設計が不可能であると判断し、一般の鋼鉄より強度の高いもの（高張力鋼）を探していた。最初に使用を考えたのは、清洲橋のモデルになったドイツのケルン橋や世界の長大橋で使用されている、鉄とニッケルの合金であった。しかし、国内ではニッケルは採れず、値段も高価であった。そこで目を付けたのが、国内でも産出されるマンガンを使った鉄との合金の「デュコール鋼」であった。これは、鋼鉄の一・五倍の強度があり、田中らが求める性能を満足するものであった。

3-12-1　特殊鋼材のデュコール鋼は、大きな張力が生じる永代橋のアーチタイと清洲橋のチェーンに使用された（清洲橋のチェーン）

デュコール鋼は、各国が巨大軍艦建造を競う中、英国海軍が軍艦用に開発した軽くて強い鋼材で、この技術を東大教授の平賀譲が入手し、川崎造船所が製造技術を有していた。軍艦用に開発された高級鋼材であり、通常は橋の材料として使用できるようなものではなかった。

しかし、わずかな時代の隙間が味方した。ワシントン海軍軍縮条約が締結され、日本の軍艦保有量が米・英国の六割に抑えられた。田中は軍艦用のデュコール鋼が余ると考え、川崎造船所に働きかけ、融通してもらったのである。このようにして、世界で初めてデュコール鋼を使用した橋が誕生した。もし、軍縮がなかったら、両橋の美しいフォルムは実現し得なかった。

復興局の成瀬勝武は戦後、自著でこのことを振り返り、「田中豊氏が橋の構造だけではなく、最新の金属工学にも造詣が深かったことは大なる驚きであった」と述べている。自分の専門だけではなく、広くアンテナを張ることの大切さを改めて感じさせてくれるエピソードである。

しかし、これ以降、デュコール鋼を使用した橋は誕生しなかった。昭和九年、日本はワシントン条約に続くロンドン条約も破棄、戦争に向かい軍拡に突き進んでいった。もはや橋に回せる高級鋼材は残っていなかったのである。

13

# 九十年前の優れた耐震設計

東京都では、架け替えに多額の工事費や長期の工事期間を要する橋、また土木遺産として後世に残したい橋など約二百橋を抽出し、これらを最新技術で補強することなどで百年以上延命させる長寿命化事業を進めている。この中に、国の重要文化財に指定されている永代橋や清洲橋なども当然含まれる。

永代橋や清洲橋など震災復興で架けられた橋については、設計図面や論文など多くの資料が残されている。長寿命化の設計を行うに当たり、これら資料を再整理したところ、九十年前の意外な設計基準や構造などが明らかになった。それらの一部をご紹介したい。

九十年前の橋を今後百年以上も使い続けるとすると、まず心配になるのが耐震性である。当時の耐震設計はどうであったのだろうか。

日本の耐震設計は、東京帝国大学教授で復興局や東京市で建築局長を務めた佐野利器《としかた》が提唱した「震度法」に始まると言われている。震度法とは、建物や橋の重量に地震により生じる加速度をかけることで地震動による力を算出し、それに耐え得るように柱や壁などの設計を行うというものである。

建築では関東大震災後、佐野により、設計加速度は〇・一G（Gは重力加速度）と定義された。さらにこの値は昭和二十五年に建築基準法の改正で〇・二Gに引き上げられた。

橋の耐震設計にも長年、震度法が用いられてきた。これらは関東大震災を契機に採用され、設計加速度は当時から〇・二Gであったと大半の橋梁技術者は思っている。

しかし、今回文献を集めて整理したことで、当時の値が明らかになった。これによれば、水平方向（横揺れ）に〇・三三G、垂直方向（縦揺れ）に〇・一七Gを見込んでいたことが判明した。つまり、震災復興では、橋は建築の約三倍の震度で設計されていたことになる。

橋の設計基準は約十年間隔で改訂される。その中で安全の一つのボーダーにされている基準に、昭和五十五年の耐震基準がある。これに基づき設計された橋は、阪神淡路大震災や東日本大震災を含め、過去に落橋した橋は無い。この基準は建築の新耐震基準に当たるもので、昭和五十三年の宮城県沖地震の被害状況を踏まえ、改訂されたものである。

この基準では、水平方向の加速度は〇・二Gが基本値であるが、地盤の状態や橋脚の高さに応じて最大〇・三Gまで割り増すことが出来た。ただし、垂直方向の加速度は最新の設計基準もそうであるように「ゼロ」であった。これらと、震災復興の基準を見比べると、九十年前の基準の方がより大きな地震力を見込んでいたことがわかる。

震災復興の基準値は、昭和十五年に開通した勝鬨橋にも用いられており、戦前に東京に建設された橋に一貫して用いられていたことがうかがえる。隅田川の橋など、戦前に建設された橋は見た目、どっしりして安定感がある。安全性の有無は、見た目の感覚がかなり的を射ているのかもしれない。

しかし、戦後は〇・二Gに引き下げられた。耐震強度を高めるには、柱に入れる鉄筋を増やす必要があり、これは建設費の増大に直結する。戦後は経済成長のため、国内に大量の橋を短期間に建設することが求められた結果だったのかもしれない。

土木工学は経験工学と言われる。橋梁の耐震設計も大地震の被害状況を踏まえて改訂が重ねられてきた。震災復興で用いられた〇・三三Gという値は、当時の文献によれば、関東大震災の震度をもとに、構造物が有する安全率を加味し、経済性なども考慮して綿密に定められたことがわかる。

私たちは「基準」と言えば、何の疑いもなく使用してしまう。しかし、たまにはその数字の秘密を探るのもいいのかもしれない。古いといって侮《あなど》るなかれ。今回は賢い老人に教えられた気がした。

ところで、清洲橋の構造は鋼鉄製の吊り橋で、専門的には、「自碇式チェーン吊り橋」という。一般的な吊り橋は、レインボーブリッジのように橋の両端に設けられたアンカレイジというコンクリート製の重石にケーブルを接続する。これらを専門的には有碇式吊り橋という。しかし、清洲橋はアンカレイジを設けず、ケーブル（チェーン）を橋桁の端に

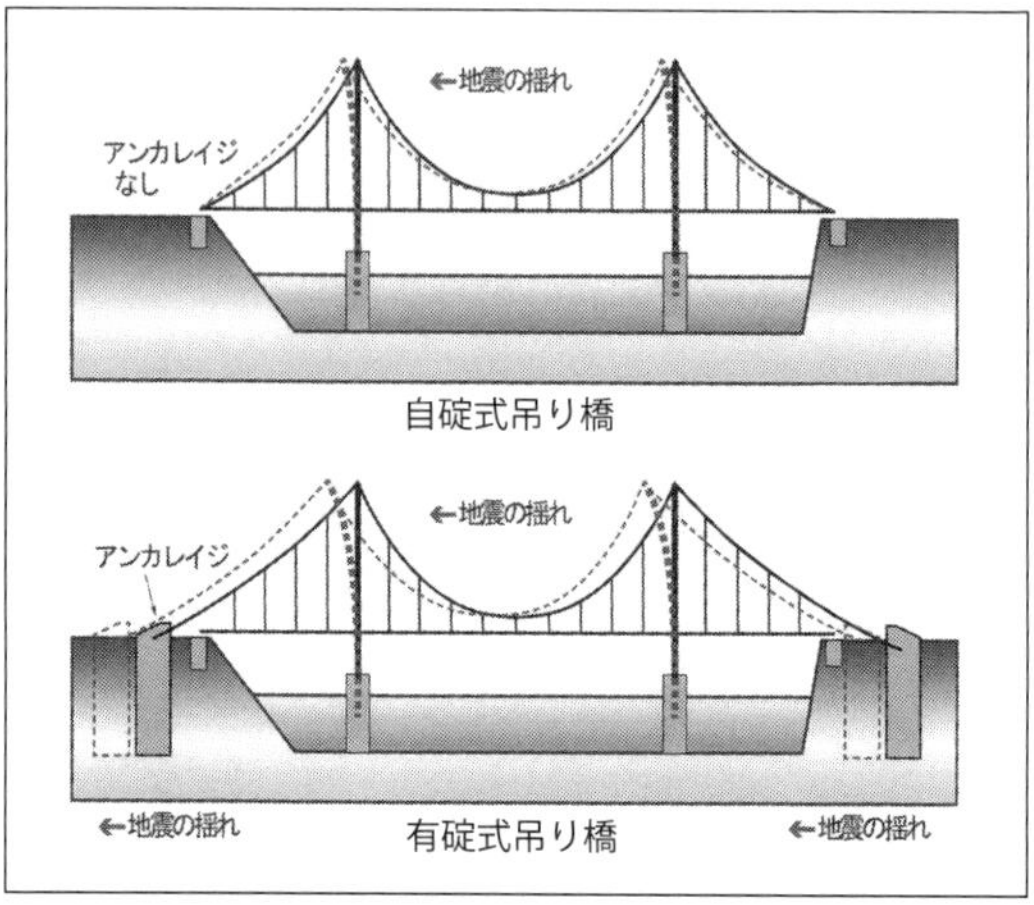


3-13-1　地震時に自碇式吊り橋（清洲橋）は橋が一体で動くため、有碇式吊り橋より耐震性が高い

直接接続している。このような吊り橋はたいへん珍しく、戦前には国内で清洲橋しか架橋されていない。特殊な構造の吊り橋が採用されたのも、耐震性を考慮したためであった。

　地震が起これば、有碇式吊り橋では、二つのアンカレイジと橋桁や主塔がそれぞれ別の揺れ方をする恐れがある。一方、清洲橋ではアンカレイジが無いため、橋全体が同一の揺れ方をするため耐震性が格段に高い。実は、清洲橋しか架橋例が無かったのは、一般の吊り橋に比べ設計が複雑で施工も面倒であり、さらに使用する鉄の量も多く工事費も割高になるからである。しかし、耐震性の高さを求め、清洲橋は自碇式の吊り橋を採用したのである。

　もう一つ、耐震についてのエピソードをお

話ししたい。復興局が架けた橋の多くは、橋脚や橋台のコンクリートの中に、鉄筋ではなく鉄骨が使用されている。例えば、御茶ノ水駅前に架かる聖橋はコンクリートアーチ橋であるが、中には鉄骨が入っており、このおかげで補強せずに最新の耐震基準を満足してしまう。地震の揺れなどには鉄骨の方が強いが、その分、値段も高いため鉄筋を用いるのが一般的である。なぜ高価な鉄骨を用いたのだろうか。意外な答えが、今回整理した文献の中から出てきた。

震災直後の一～二年度は、復興局は調査や設計が業務の主であり、工事が計画通りにはかどらずに予算を大幅に余らす事態となった。そこで、いわゆる予算消化のため、いずれは工事に使う鉄を買い入れることとしたが、鉄筋はしばらく置くと腐食して使用できなくなる。そこで多少放置しても、太いため腐食に影響されない鉄骨を買うこととした。この大量に買った鉄骨を鉄筋の代わりに用いたというのが答えである。このため、聖橋だけではなく、復興局が施工したコンクリート橋では、多くの橋で鉄骨が使われている。

このように予算執行上の柔軟な対応がなされたおかげで、震災復興で架けられた橋は、補強する箇所が意外に少ない。九十年後の我々は大いに救われることになったのである。

# 14 橋の長寿命化に必要なもの

二〇一二年十二月に起きた笹子トンネルの天井板の崩落事故は衝撃であった。以来、インフラの老朽化が注目を浴び、管理の重要性が認識されるようになった。メディアは橋の寿命は五十年と盛んに報道したが、永代橋や清洲橋は、関東大震災の復興で建設され、九十年が経とうとしている。しかし、大きな損傷はなく、現在も重交通を支え続けている。当時の設計において、耐久性はどのように考慮されていたのだろうか。

復興局橋梁課長の田中豊は、昭和二年から三年にかけて、膨大な量の設計図面や計算書などを部下の成瀬勝武技師に命じて整理させた。このうちの一部は有料で販売され、戦前の設計の最高のテキストとなっていく。その成瀬が昭和四年にまとめた『橋梁』という本の中に、復興局における耐久性へのコンセプトを垣間見ることができる。

「現在及び将来の交通状況を確実に算定せずしては、橋の大きさ並びに強度を適当に決定することは不可能である。迅速なる変化をもって発達しつつある時代においては、十数年以前の橋が強度不足の故をもって、或いは幅員狭小の故をもって、或いはその他の状況によって、未だ廃朽に至らざるに先だって取り壊しを余儀なくされる場合がある。五十年の先をだれが予想し得られよう。然しながら良き橋は、将来起こりうべき変化を最も聡明に算定して、廃朽せざるに先だって撤去させらるるが如き不幸の無いものにしなければならない」

震災時、隅田川には明治二十年に架けられた吾妻橋、明治二十六年の厩橋、明治三十年の永代橋、明治三十七年の両国橋、明治四十五年の新大橋の五橋の鉄橋が架けられていた。このうち、吾妻橋と永代橋は架け替え工事中で、厩橋も架け替えが決定していた。いずれも架橋後三十年程の橋であったが、幅員も狭く強度も不足していた。これらが、田中や成瀬等の眼前に横たわっていた。

耐久性に関する具体例を紹介したい。橋の設計に見込む自動車の重さについて、成瀬は次のように記している。

「自動車は現在の段階では五～六トンの全重あるものが重い方であるが、道路の発達とともに著しく増大する傾向があって、今後の橋には十五トンを予想するのが適当である」。

加えて、路面電車の重さも考慮したため、震災復興の橋は、現在の橋に比べ、約二倍の重さにも耐え得る設計がなされている。大八車しか通らなかった時代において、将来の自動車社会を見越して設計していた、すごい先見性である。もし、このような先取りした設計がなされていなければ、戦後の車社会には耐えられなかったことは自明である。

さらに成瀬は続ける。「橋梁工費の経済は之を一概に律することはできない。例え架橋費が安価であるとしても、維持修繕に多大の金額を要し、或いは将来荷重の増大するに際して強度の減少が大なるが如きものは不利が伴うのである。高級材料を用いたために最初の工費はいささか不廉であるとするも、余分の工費を投じただけの価値が十分であって後年に至るもなおその真価の明らかなるものは、決して不経済ではないであろう」。

鉄やコンクリートで造られた橋で、最終的に物理的寿命を決めるのはコンクリートである。鉄は塗装をして腐食を抑えれば寿命は半永久的で、一七八一年に英国で架けられた世界初の鉄橋「アイアンブリッジ」も現存している。一方、鉄筋コンクリートはそうはいかない。表面から浸透した海水の塩分や大気中の$CO_2$が、長い間に鉄筋を腐食させ、内部からコンクリートをむしばむ。塩害、中性化と言われる現象である。

しかし、永代橋や清洲橋は調査の結果、塩害、中性化ともほとんど進行が見られなかった。理由は二つ考えられる。一点目は橋脚や橋台の表面に貼られた御影石にある。表面に貼る石の厚さは建築では五~十センチメートルが一般的であるが、これらの橋では約五十センチメートルもあった。この厚い石が、流木などから橋脚を防護しただけでなく、塩分などがコンクリートに浸透するのを防ぐ役割も果たしていた。価格の高い御影石を用いても、長い目で見れば、架け替えや大規模補修を回避でき、経済的だったのである。

3-14-1　清洲橋の橋脚に貼られた御影岩。流木などからの橋脚防護に加え、塩分が内部のコンクリートに浸透するのも抑制する

二点目は施工である。コンクリートはセメントと砂利を水で混ぜて造る。この混ぜる水の量により、塩害や中性化の進行は大きく左右される。水分量を少なくし、硬いコンクリートで施工すれば、将来の塩害や中性化の促進は抑えられる。ただし、水を少なくすると施工性は悪くなるため、悪質な業者は逆に水を加える者もいる。つまり、塩害、中性化とも進行していなかったのは、施工も素晴らしかったということの証でもある。

田中は、後に土木雑誌での対談で震災復興の橋について、橋の寿命を何年位と考えて設計したかを問われ、次のように答えている。「そういうことは考えませんが、五十年も持てば結構だと思います」。戦後、交通量は飛躍的に増えた。それにもかかわらず、隅田川の橋は、田中が予想した五十年を大幅に過ぎ、百年に迫ろうとしており、さらに今後百年は難なく使用できるとの調査結果が出ている。後世の私たちは、田中等の先進性な設計や厳格な施工管理によって、彼らが予想さえしなかった大きな恩恵を受けることができたのである。

橋などインフラの寿命を延ばすには、点検をしっかりと行い、適切な修繕を施すことはもちろん大切であるが、それ以上に建設時の設計と施工に負うところが大きい。設計、施工、管理の三拍子が揃って初めて高耐久性や長寿命が確保できるのだということを、九十年前に架けられた橋が生き証人として、私たちに教えてくれているのである。

# 15 橋詰め広場の役割と変化

隅田川沿いに歩くと、永代橋や清洲橋などの橋の両脇に小さな広場が設けられているのを目にする。これらは橋詰め広場と呼ばれる。この小さな広場の生い立ちについてお話したい。

時代は一六五七年の明暦の大火の直後まで遡る。明暦の大火では約六十橋が焼失したことから、その復興に当たっては、橋にも二つの防火対策が取られた。一点目は、橋台を石積みで河川内に突き出して築き、沿岸から距離を取り、延焼しにくくしたこと。二点目は、延焼遮断帯として橋周辺に空き地を設けたことで、拡幅された道路と同様に「広小路」と呼ばれた。この広小路が橋詰め広場の起源となった。広小路はまた、災害時の人の滞留スペースとして、さらに架け替え時に仮橋を架けるスペースとしても機能した。

江戸時代、江戸一番の繁華街はどこであったかご存じだろうか。新宿や渋谷や池袋は江戸周辺の一寒村にすぎなかったし、銀座にも

3-15-1　清洲橋の橋詰め広場

商店街はなかった。意外にも両国橋の橋詰め「両国広小路」が、上野や浅草を抑え、江戸一番の繁華街であった。両国橋は一日に約五万人の往来があり、江戸で最も人の集まる場所だった。

両国橋が寛文元年（一六六一）に架けられた当初は、橋詰めに延焼遮断帯の広い空き地が確保されていた。しかし、時間の経過とともに災害に対する警戒心が薄らぎ、橋の利用者の多さに着目して商売を申し出る商人が後を絶たなかった。やがて幕府も広小路での商売を認め、江戸中期になると、ここに商店が建ち並ぶようになっていった。

両国にある江戸東京博物館には、江戸後期の両国橋を再現した精巧なジオラマが展示されている。これから、当時の橋詰めの様子が

3-15-2　江戸後期の両国橋の橋詰め＝広小路。左手前の瓦屋根の建物以外は仮設の床店。当初は床店のエリアも含め火除け地として確保されていた＝東京都江戸東京博物館

手に取るようにわかる。ジオラマを見ると、橋詰めに華奢《きゃしゃ》な小屋が並んでいる。この小屋が建つ区域が、もともとは延焼遮断帯の空き地であった。小屋が華奢なのは、火災時に小屋を撤去することが、借地に当たっての幕府の許可条件であったからで、他に将軍の御成りの際も小屋は撤去された。

芝居小屋の他、現在のゲームセンターに当たる、弓矢で賞品を得る「的屋《まとや》」や飲食店が多く見られ、ここから鰻や蕎麦、鮨などの江戸の食文化が花開いていったであろうことが容易に想像できる。幕府は、これらの店から地代を徴収して橋を監視

する橋番所の人件費や橋の修繕費など、橋の管理費に充てていた。

さらにジオラマをよく見ると、ある特定の店が多いことに気付く。現代の美容院や理容店に当たる「髪結い」である。享保七年（一七一九）には、両国橋の西詰めだけで十七軒が営業していたことが記録されている。彼らには営業の条件として、地代の他、橋の清掃や異常があった場合の奉行所への通報義務なども課せられていた。このように橋詰めに建てられた小屋は床店《とこみせ》と呼ばれ、これが床屋の語源となった。

また、橋詰めで船からの荷揚げを行う業者には、許可条件として、大雨時に橋が流されないよう、水防を行う義務が課せられていた。

このように、地域の住民組織により道路の維持管理を行うエリアマネージメントが、江戸時代に既に行われていたのである。

明治時代になると、橋詰めから店は撤去されたが、明治、大正時代の橋にも、小さいながら橋詰めに広場は設けられた。

その後、橋詰め広場の利用形態は、震災復興を契機に大きく変わった。橋詰め広場が都市計画として位置付けられ、大きさについても、幅は道路幅員の半分、奥行きは道路幅員と同程度を基本とし、橋ごとに定められた。

また橋詰め広場は、架け替え時の仮橋のスペースとしての役割もあったが、架け替えは数十年に一度しか生じないため、平時に広場に設置していいものについて、大正十五年六月に「路上工作物設置標準」が定められ、復興局から通知された。それによれば、設置を

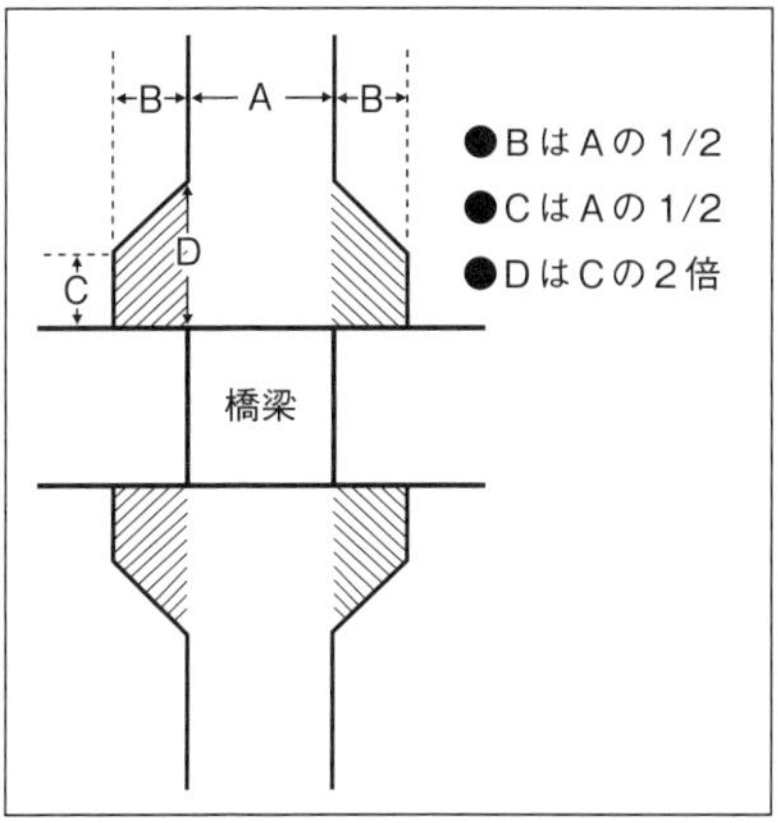

3-15-3　震災復興で定められた橋詰め広場（斜線部）の広さの定義

認めたものは、交番、共同便所、井戸、散水用ポンプ、消防又は消毒用倉庫、消火栓などであった。これらは、地震発災時に何が必要であったかを如実に物語っており、さながら災害時の防災基地の様相を呈している。これにより、多くの橋から橋詰め広場の広場（＝空き地）としての機能は失われることになった。

現在、中央区や千代田区にある橋詰めに、交番や共同便所、防災倉庫が多いのはこのためである。さらに、戦後は児童公園や首都高のランプとしても利用されてきた。

しかし、橋詰め広場に面した宅地は道路に接していると言いながら、建物が用途上、出入りを始め様々な制約を受けることが、復興直後から問題になっていた。また戦後直後には、家を失った住民が橋詰め広場に家を建てるなど、不法占拠も進んだ。これらが、戦後の都市計画では、橋詰め広場は削除されることになった。

現在、残された橋詰め広場は橋が不燃化したことで、火除け地としての機能は無くなった。また、震災復興で求められた防災基地的役割も既に他の施設に譲っている。

しかし、都市内に設けられた貴重な空間として、隅田川の景観にとって無くてはならないものになっている。たまには、この広場から隅田川や橋を眺め、江戸、東京の都市計画の移り変わりに、思いを巡らせるのも良いのではないだろうか。

# 16 橋の設計者とは誰か

永代橋の設計者は誰ですかと聞かれることがある。そのような時、私は返答に一瞬躊躇する。建築であると、例えば都庁であれば丹下健三、六本木の国立新美術館であれば黒川紀章など設計者が決まっている。しかし、橋では決まった個人の設計者名がなかなか出てこない。

私の手元に、明治二十年に隅田川に初めて架けられた鉄橋である吾妻橋の正面を描いた錦絵がある。橋正面の両側には二本の塔が立ち、さらに上部には鋳物製の桜をあしらった飾り板が設置されている。美しい橋であるが、注目すべきは両側の柱に設置されているプレートである。現代の橋であれば橋名と建設年が記されている。また、施工会社名のプレートなども取り付ける。

ところが、この橋では一方のプレートは建設年であるが、もう一方のプレートには理学士原口要、土木師原龍太と家の表札のように名が刻まれている。この二名、吾妻橋の設計

3-16-1　（旧）吾妻橋錦絵（正面図）

3-16-2　（旧）吾妻橋の橋名板。橋の正面に設計者の名前が掲げられていた

者なのである。同様のプレートは、隅田川二番目の鉄橋である明治二十六年に架けられた厩橋でも見られ、設計者倉田吉嗣の名が刻まれていた。このような傾向は決してこの二橋に限ったことではなく、静岡県小山町に残る明治三十九年に架けられた森村橋という橋にも、正面に設計者の名が刻まれていることから、一般的なことであったと思われる。この当時、橋の設計には高度な技術力が必要であった上に、国内でそのような技術者は数人に限られていたことから、橋の設計者のステイタスが高かったためと思われる。当時の「風俗画

報」という月刊誌に、明治三十年に架けられた永代橋や明治三十七年に架けられた両国橋の開通式の記事が載っている。これらの記事では、開通式に出席した知事等の名前と並び設計者の名前が記載されている。現代では考えられないことである。ただし、この当時の設計者の定義はかなり曖昧で、原龍太と金井彦三郎の関係のように、設計者とは金井のように実際に構造計算や製図を行った者ではなく、原のように橋の形や構造を決めた者を指すことが多かったようである。

3-16-3　(旧) 新大橋の工事関係者を記した名板

明治も末期になると少し事情が変わってくる。明治四十四年に架けられた日本橋にもプレートが取り付けられているが、橋台の端の目立たない箇所である。プレートに記されているのは、設計者だけではなく事業に関わった主な関係者の一覧となる。竣工年月日に続いて主任設計者米元晋一技師、続いて設計助手や工事監督員、欄干などのデザインを担当した建築家妻木頼黄、橋名の揮毫者の徳川慶喜、東京市技師長、橋梁課長となっている。プレートの最初に設計者の名前が記されていることや、日本橋の開通を記念して発行された絵葉書の中には、設計者の米元晋一と揮毫者の徳川慶喜の二人の肖像写真が並んだものもあることなど、明治末の段階でも橋の設計者はまだ特別な存在であったことがわかる。また、明治四十五年に架けられた隅田川の新大橋にも同様のプレートが設置されており、設計者樺島正義に続き、設計助手、デザイン担当者等工事関係者の名が記されていた。

3-16-4　清洲橋名板。設計者など工事関係者の名前などは無く、事業者である「復興局」とのみ記載

このような考え方が大きく変わったのは震災復興からである。橋を架けた復興局では、橋に設計者名や工事関係者の名前の入ったプレートなどを設置することを禁じた。永代橋や清洲橋においても、建設の責任の所在を明らかにするために、単に「復興局建造」と刻まれたプレートが付くだけである。震災復興では、短期間に大量の橋を架けるために、設

計は橋桁、橋台、橋脚などパーツごとに分担して行われた。さらに、震災復興から設計図面には、図面の右下に課長、技師、設計、照査、写図など担当者ごとの決済欄が設けられるようになったが、これからもわかるように、一枚の図面でも複数の関係者が関わるようになった。多くの技術者が分担し、積み上げて橋の設計を行ったのである。このため『帝都復興事業誌』では、「関係者諸名は、広汎にして詳記することは難しく」と述べている。

この決済欄には設計という欄がある。永代橋であれば、当時の図面のこの欄に竹中喜義とのサインがある。しかし、竹中は構造計算などを行ったに過ぎず、設計で最も重要な永代橋のタイドアーチ橋という構造や形を決めたのは彼ではない。橋梁課長の田中豊や土木部長の太田圓三が基本案を造り、復興局の幹部会へ上げ、構造を決定していったのである。建築でいえば、田中や太田が設計者といっても差し支えないであろう。しかし、早逝した太田も後年東大教授になった田中も、自らを設計者とは名乗らなかった。震災復興以降、橋ではそれまでのような設計者はいなくなった。

しかし、海外は違う。現代、スペインのカラトラバ、ドイツのシュライヒ、ベルギーのローラン・ネイなど個性的な橋を設計するスターエンジニアが目白押しである。あの新国立競技場の当初コンペで一番になったザハ・ハディド氏も斬新なデザインの橋を設計している。近年、ヨーロッパではコンピューターを駆使した個性的なデザインの橋が多く架けられるようになって、この傾向はより顕著になっている。

ラクビーにOne for All All for Oneという言葉がある。一人は皆のため、皆は一人のためというラクビーの基本精神である。個人はチーム全体のために自己犠牲をし、チームは一丸となって個人をサポートしていく。橋は、土木の中でも特に多くの技術や分野を積み上げ、一つの構造物を造り上げる。まさしく橋の設計にあった言葉だと思う。設計者がスターである建築や海外の橋の設計よりも、こんな日本の橋の設計、私は好きである。

# 4章 昭和から太平洋戦争

# 奥多摩で開かれた橋の展覧会

尾崎義一

1

震災復興では、旧東京市内に、大正十二年から昭和四年の六年間で約四百三十橋の橋が架けられた。これらは、国の組織である復興局と東京市で行われた。震災復興が一段落した後、昭和恐慌の失業対策事業として全国的に公共事業が盛んに行われた。東京府でも旧東京市以外の地域を中心に多くの公共事業が施行され、その中心は道路事業が担った。これに伴い、七〜八年間で約五百橋という震災復興に匹敵する莫大な量の橋が、東京府により架けられた。

例えば、目黒川に架かる目黒新橋や目白通りの千登世橋、王子の音無《おとなし》橋、中原街道の丸子橋、隅田川の小台橋、山手線を跨ぐ田端大橋などの橋も、当時は東京市外の郡部であったために、東京府により架橋されている。

これらの橋の計画をリードしたのは、東京府橋梁課で技師や課長を務めた尾崎義一であった。尾崎は大正十年に九州帝国大学を出て、内務省を経由して東京府内務部土木課に配属

4-1-1　音無橋（石神井川、北区）

4-1-2　（旧）丸子橋（多摩川、大田区）

4-1-3　（旧）小台橋（隅田川、荒川区）

4-1-4　千登世橋（明治通り、豊島区）

4-1-5　田端大橋＝現田端ふれあい橋（ＪＲ山手線他、北区）

4-1-6　目黒新橋（目黒川、目黒区）

**東京府が区部周辺に架けた橋**

4-1-7　尾崎義一

となった。翌年、橋梁係が発足するが、その時の係員はわずか数人という弱小組織であった。尾崎は以後、退職する昭和十三年まで十六年間にわたって、東京府の橋梁事業を担っていくことになる。弱小だった組織はやがて事業量の増加に伴い、昭和四年には橋梁課となり、昭和九年には尾崎が橋梁課長に就任し、昭和十二年には職員数三十五人の大所帯になっていた。発足した当初は、大きな橋の設計はできず、三章六節で述べたように増田淳に委嘱していた組織が、わずか十五年で日本最大の橋梁技術者集団となったのである。尾崎はこの組織を育て、そして前述した東京府の施工した五百橋のほとんどに関わった。区部周辺や多摩地域の橋は彼が造り上げたといっても過言ではない。

東京府の橋の架橋場所は、時間の経過とともに、区部周辺から多摩地域へ移っていった。さらに景気対策の一つとして政府は、昭和六年に国立公園法を制定するなど観光を奨励した。奥多摩渓谷も日本を代表する景勝地として日本百景に選定された。西多摩地域では、これも追い風になり、それまで大八車が通れる程度であった青梅街道も近代道路に改修されることになった。

その過程で、多くの橋が架けられた。特に棚沢橋、氷川大橋、南氷川橋、弁天橋、笹平橋、琴浦橋の六橋は、渓谷を渡る橋長五十〜

4-1-8　（旧）棚沢橋

4-1-9　氷川大橋

4-1-10　（旧）南氷川橋

4-1-11　（旧）弁天橋

4-1-12　（旧）笹平橋

4-1-13　（旧）琴浦橋

**奥多摩の青梅街道に架けられた橋**

（全て構造が異なり、山間部の近代橋梁の先駆けとなった）

八十メートル程度の規模の大きい橋であった。六橋とも橋長がほぼ同じで、地形や地盤などの条件も同じなので、同じ構造や形になるのが一般的であるが、全て異なる構造の橋が架けられた。

専門的に言えば、棚沢橋は国内初の鋼バランストアーチ橋、氷川大橋は国内で初めて張出し工法で架橋した鉄骨コンクリートアーチ橋、南氷川橋は国内二位の橋長のブレーストスパンドレルアーチ橋、弁天橋は道路橋では国内初となる鉄骨の橋脚（トレッスル）を持つトラス橋、笹平橋は国内唯一の三角ラーメン橋、琴浦橋はアーチがトラス状のブレストリブアーチ橋。国内初というラインアップが並ぶ橋梁群。隅田川は、様々な形の橋が架かることから「橋の展覧会」に例えられるが、さながらこれらの橋は、奥多摩の「橋の展覧会」とも言えるバラエティーに富んだ橋梁群であった。いかにも意図的、そして意欲的な選択である。

尾崎は、昭和十三年に内務省の人事異動により東京府から山梨県の土木課長へ転じ、その後、長崎県と千葉県の土木課長を務めた。さらに昭和十九年には陸軍司政長官として南方に出征している。戦後は元東京市橋梁課長の谷井陽之介の紹介で、株式会社東京鉄骨橋梁で技師長や常務を務めた。晩年、尾崎は会社の若手社員を引き連れて、奥多摩の橋梁の視察に出掛けている。そこで尾崎は、「これらの実験的橋梁が、いかに他の大橋梁の設計の基礎になったか」を力説したという。

震災復興により、都市部の橋は近代橋梁の

4-1-14　奥多摩橋（多摩川、青梅市）

モデルが出来上がった。それに対して尾崎は、山間部の橋のモデルを作り上げたかったのではないだろうか。これより以前、鉄橋は全国の山間部にほとんど架けられていなかった。尾崎は様々なタイプの橋を設計し架橋して見せた。それらの橋の中には後に施工例が無いなど、決して全てが山間部の橋として適していたわけではなかったが、これらの中から適したものが選択され発展していった。尾崎が述べたように、これらの橋が、我が国の山間部への架橋技術のアップに果たした役割はたいへん大きかったのである。

さらに、尾崎は他にも西多摩地域に、今日土木学会の選奨土木遺産に認定されている奥多摩橋や東秋留橋などの名橋も残している。これらの橋は奥多摩観光の目玉となった。太平洋戦争というブランクがなければ、もっと脚光を浴びたであろうことは残念である。

明治以来、他の産業がそうであったように、橋梁技術も日本は欧米の背中を見つめ追いかけてきた。震災復興や、この奥多摩の橋梁群の建設により、その背中にようやく追いつい

4-1-15　東秋留橋（秋川、あきる野市）

たかに見えたが、戦争というブランクで離され、戦後再び追い続け瀬戸大橋や明石大橋の建設で世界の頂点に立つことになった。

しかし現代、吊り橋や斜張橋などの長大橋の建設需要が大幅に減少したことで、長年にわたって培われた技術力が急速に失われつつある。既に家電と同じように、海外の長大橋の建設や補修工事は中国や韓国の企業に競り負けるケースが増えている。米国は昭和の初め頃、橋梁技術では世界最先端で、既にニューヨークのジョージワシントン橋など瀬戸大橋級の吊り橋を何橋も架けていた。しかし、事業の終息に伴い技術力は失われ、今日では自力で吊り橋を架けることはできなくなってしまった。

これは決して土木だけの話ではない。例え

ば吊り橋に使われるケーブルは鉄の中で最も張力が大きく、鉄の技術の中で最高水準の技術を有するものである。吊り橋の施工が無くなれば、この鉄の技術も無くなる。既にこのケーブルを生産できる国内企業二社のうち一社は撤退を決めた。あと五年たつと、明石大橋を施工した技術者も定年となり、同時に日本から長大吊り橋の技術は無くなってしまう。技術が無くなれば、外国から買えばいいと言う意見もあるし、必要となった時に、また一から始めればいいという意見もあるが、果たしてそうであろうか。一度失った技術は一朝一夕で築けるものではない。今が正念場である。公共事業は安ければそれで良いのであろうか。質の良いインフラを残すことはもちろんのこと、技術力を向上、継承させる場を提供することも、発注者側の重要な使命ではないだろうか。隅田川の震災復興橋梁群や奥多摩の橋梁群の残された写真を見つめ、じっくりと考えてみたいと思う。

## 2 勝鬨橋を架けた男

### 岡部三郎

新規事業を立ち上げる時には、たいへんなエネルギーを要する。ビッグプロジェクトであればなおさらである。昭和の初め、勝鬨橋でその任を担ったのが、東京市の歴代の橋梁

4-2-1　岡部三郎

課長で唯一、国（内務省）から東京市へ来た岡部三郎であった。岡部は後に当時のことを振り返り、「必死の努力をして市の首脳部及び市議会の有力者の了解を得ることができた」と述べている。

岡部は、大正五年に東京帝国大学土木工学科を首席で卒業し、内務省に入り河川を専門とし信濃川分水路工事などに従事するなど優秀な技術者であった。しかし、昭和二年に信濃川ダム決壊の責任を取って内務省を退官し

4-2-2　架橋直後の万世橋（神田川、千代田区）

た。その直後、東京市の安芸土木局長から誘われ、東京市へ転じた。

工事係長であった徳善《とくぜん》義光は後に当時の様子を以下のように述べている。「当時の橋梁課は市の中でも花形的な部署で、震災復興事業に追われていた大繁忙期でありました。私どもは、新任の大物課長に対する期待感とともに、反面、河川の技師に橋梁ができるのかという心配も多少あった」と述べている。

東京市のエリート技術者集団であった橋梁課に、国から乗り込んできた河川が専門の課長、岡部を迎えた課の雰囲気がわかるような話である。

しかし、心配はすぐに安心へと変わったようである。まず、最初に手掛けたのは、秋葉原の万世《まんせい》橋の架け替え工事であった。復興計

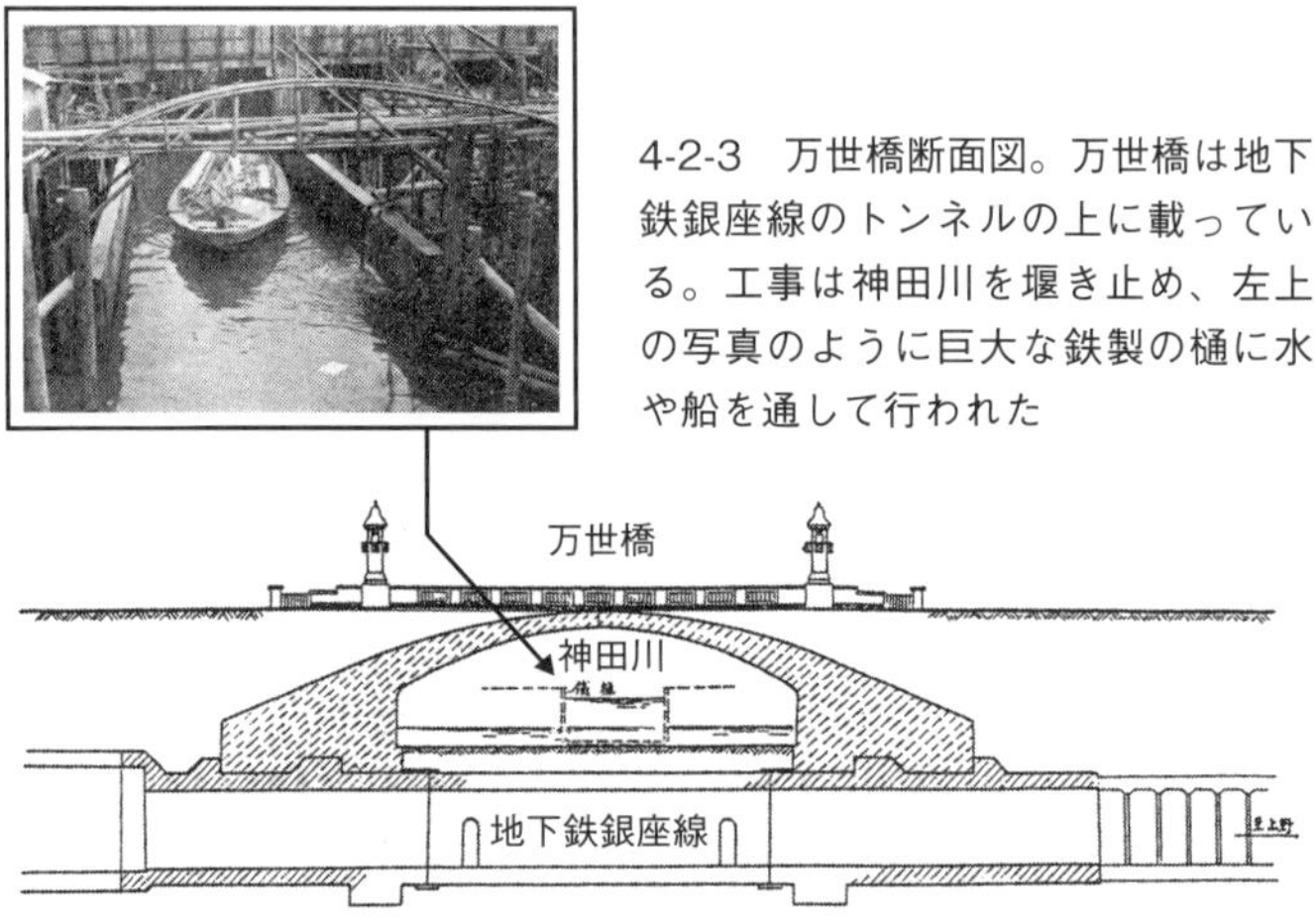


4-2-3　万世橋断面図。万世橋は地下鉄銀座線のトンネルの上に載っている。工事は神田川を堰き止め、左上の写真のように巨大な鉄製の樋に水や船を通して行われた

画では、万世橋の直下に地下鉄銀座線が通る計画になっていた。橋を建設した後にトンネルを通すとなると、橋の基礎杭が支障となることから、橋とトンネルを同時に施工し、トンネルの上に直接橋が載る構造が採用された。このため、橋梁課は東京地下鉄道株式会社から神田川の下を横断するトンネル工事を受託し施工することになった。神田川の水を万世橋の上流で堰《せ》き止め、これを鉄製の巨大な樋《とい》で受け下流へ流し、その樋の下でトンネルを施工し、続いて橋を架けた。たいへんな難工事であったが、河川の技術者ならではのアイデアが活かされたものであった。

　次に手掛けたのは、両国橋の架け替え工事であった。両国橋は、関東大震災では被害が少なかったために、当初の復興計画では架け

（1）築地月島間連絡可動橋計画図

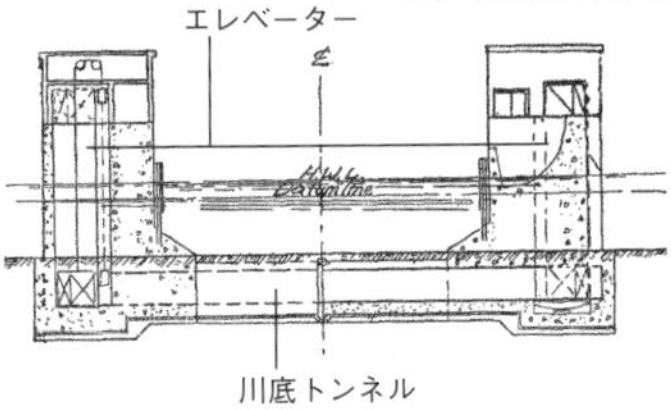


（2）右、可動橋下部川底トンネル横断図面
（3）左、同上縦断面図、大船航行中は、橋脚塔内をエレベーターに依って下った自動車、歩行者は川底トンネルを通って、対岸の橋脚塔に至り、再びエレベーターに依って上り交通する。

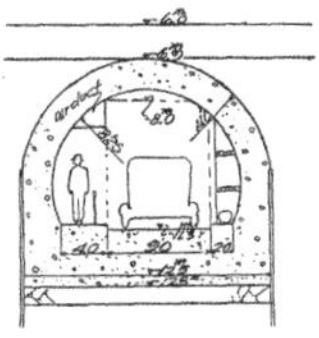

川底トンネル断面図

4-2-4　勝鬨橋計画図。中央にはゴシック風の４本の塔が建つ。開橋時も車が通行できるように、塔内には専用のエレベーターが設けられ、川底のトンネルを通行できるような計画であった

替えず、引き続き旧橋を使用することになっていた。しかし両国橋の幅員は、前後の道路の半分の十一メートルしかなかったため、岡部は将来交通上の障害になると考え、三章五節で述べたように、復興計画と予算を統括する復興局へ再度働き掛けて、難航の末、計画を変更させ、復興事業最後の橋として架け替えの事業化に成功した。このおかげで、両国橋は戦後も交通上の大きな障害にはならなかった。

　時代は震災復興末期であり、岡部の在任中に百八十橋もの完成をみた。しかし岡部は、勝鬨橋の基本設計を行い、市議会に建設予算を上程し通

した直後の昭和四年十二月に東京市を突然退職した。実は岡部の東大の卒業論文は勝鬨橋の設計であった。これからも推測されるように、勝鬨橋に対し特別な思い入れがあったと思われる。復興橋梁もあらかた竣工し、勝鬨橋の事業化も果たし、東京市での仕事はやり終えたと感じたのかもしれない。徳善は後に「岡部さんがもう二～三年東京市にいてくれて、指導を受けたかったなあとよく話をしたものです。これは岡部さんの実力に我々が惚れていたということでしょう」と話しており、最初の心配をよそに、職員の信頼をしっかりとつかんでいたことが推察される。

岡部が辞めてすぐの昭和五年一月の読売新聞に、岡部が計画した勝鬨橋の完成予想図が掲載された。外観は現在の橋とは異なり装飾性豊かで、中央にゴシック風の二本の塔が立ち、ロンドンのタワーブリッジを連想させる。そして何より違うのは、橋桁が開橋した時も交通を遮断しないように、二本の塔の間には川底トンネルを通し、塔の中にはエレベーターを設置し、これを通じて、橋上とトンネルが行き来できる構造になっていたことである。なんとこのエレベーターやトンネルは小型自動車も利用可能な構造になっていた。

しかし、同年十月に再び読売新聞に掲載された勝鬨橋の予想図は、概ね現在と同じ構造へと変更され、川底トンネルは無くなっていた。川底トンネルの施工が困難なため見直された結果であった。もし河川の専門家の岡部がいれば、基本案のまま建設されていたかもしれない。

4-2-5　両国橋の親柱。丸い球は地球儀を表している

岡部が計画していた勝鬨橋、デザインは古典的で復興事業の他の隅田川橋梁とは調和しなかったかもしれないし、エレベーター付き川底トンネルは戦後の重交通では役に立たなかったであろうことは自明である。しかし、当時の土木技術の粋を集めた構造、岡部のアイデアを見てみたかったと思うのは私一人ではないのではなかろうか。

岡部は東京市を退職後、大阪の民間会社へ転じる。ここでは、大阪市役所へ安治川を渡る地下トンネルを提案して設計を行い、昭和十七年に完成を見た。このトンネルは、勝鬨橋の基本設計と同様に、地上とトンネルをエレベーターで結ぶ構造であった。昭和五十二年までは小型自動車も利用でき、現在も歩行者と二輪車は通行している。大阪で勝鬨橋のアイデアの一部が活かされたのである。その後、岡部は昭和四十年に土木学会会長に就任した。東京市に在職した技術者で、土木学会会長にまで上り詰めたのは岡部が唯一である。

岡部が事業化した両国橋には、隅田川に架かる震災復興橋梁では唯一大きな親柱が設置されている。この親柱には大きな石製の球が置かれている。この球は地球儀を表している。このデザインについて岡部は以下のように述べている。「両国橋の名前の由来になった、武蔵、下総の国境というよりは、もっと大きな意味で両国を結ぶという気分のものであった」。岡部が在職したのは二年という短さであったが、勝鬨橋の事業化など残した功績は大きい。もしかしたら、この親柱の意味するところのように、岡部は東京市という器に比べ、大き過ぎたのかもしれない。

# 3 勝鬨橋はなぜ可動橋になったのか

少し前のスマートフォンのコマーシャルに、口伝てに「東京で一番有名な橋は」と問い掛けると、スマホが音声で「勝鬨橋」と答えるものがあった。東京の橋を語るのに、勝鬨橋を抜きにしては語れない。勝鬨橋は、大型の船が通るたびに中央の桁がハの字形に開閉する可動橋であったが、昭和四十五年十一月の開橋を最後に開かずの橋となった。

この勝鬨橋の経緯を時代とともに追ってみたい。勝鬨橋が渡る月島は、明治の中頃埋め立てられた。明治二十五年には「月島の渡し」が、明治三十八年には日露戦争の戦勝から「勝鬨の渡し」と名付けられた渡しが開設された。これらの渡しに隣接する佃島へ渡る「佃の渡し」を加えた三箇所の渡しで、勝鬨橋が架けられる直前には年間で千三百万人もの利用者があった。

最初に架橋の調査費が東京市議会で可決されたのは古く明治四十四年まで遡る。この時点で既に隅田川を行く舟運に合わせて桁が開

4-3-1　勝鬨橋の開橋①

く可動橋が念頭に置かれていた。大正四年には現在より百五十メートル上流に架橋する案が検討されたが、地質調査の結果地盤が悪く、大正八年には地盤の良い現在地に変更された。震災復興では、当初の都市計画案では架橋が記されていたが、その後、復興予算縮減の中、最終案では架橋は削除された。結局、橋に至る幅員二十七メートルの晴海通りが建設されるに留まった。

このように計画、調査期間は長かったものの、なかなか建設へのゴーサインは出されなかった。架橋に向けて大きく動くのは、前節で述べたように岡部三郎が橋梁課長になり、建設予算を市議会が承認した昭和四年度末からである。

勝鬨橋は一般的な道路事業ではなく、東京

4-3-2 勝鬨橋の開橋②

港修港事業の一環として事業化された。これは勝鬨橋の架橋目的に理由がある。最大の目的は、埋立事業で築造した月島、晴海、豊洲へ都心からのアクセスを良くし利便性を向上させることで、それにより埋立地の販売を促進させることにあった。さらに後に勝鬨橋は、晴海を舞台にして昭和十五年に開催が予定されていた万国博覧会会場への玄関口の役割も負うことにもなる。この博覧会自体も埋立地の販売促進の目的があった。

このプロセス、何か似ているものがある。五十年後、臨海副都心開発が進められた。アクセスとしてレインボーブリッジが架橋された。平成七年にはその地を舞台に都市博が開催される予定であった。これも埋立地の販売促進が目的の一つであった。偶然であるが、

4-3-3　勝関橋の設計者、安宅勝

二つの博覧会とも開かれることはなかった。歴史は繰り返すということだろうか。

調査や設計などを経て、工事着手は昭和七年一月であった。当時の勝関橋の主な工事関係者は、橋梁課設計係長滝尾達也、設計担当者安宅《やすみ》勝、工事係長徳善義光であった。滝尾

4-3-4　工事係長の徳善義光

は東京帝国大学を卒業して大正十一年に東京市に入り、震災復興では吾妻橋などの大型の橋の設計を担当し、戦後は建設局長を務めた。安宅も東京帝国大学を卒業して昭和二年に東京市に入り、神田川などに架かる橋の建設を担当し、戦後は大阪大学の教授に転じた。徳善は京都帝国大学を卒業して大正十二年に東京市に入り、日本橋川などに架かる橋などの建設を担当し、戦後は水道局長を務めた。その後の彼らの経歴からも、東京市として技術系のエースを投入した、満を持しての一大事業であったことがうかがえる。

勝関橋が可動橋と決まるまでに、様々な構造の検討が重ねられた。まず、川底トンネル案が検討された。しかし、隅田川の下を潜るため地上との高低差が約二十メートルになるため、トンネルの長さが八百メートルにもなり、可動橋に比べ工事費が三倍にもなること

から却下された。次に高架橋案が検討された。しかしこの案も、千トン級の船の航行を考慮すると、高さが約二十五メートル程度必要となり、トンネル案と同様に延長が長くなり工事費が高額となることから却下された。

この結果、可動橋案が採用されることになったのであるが、これら各案を検討するに当たって、特に考慮された条件は、隅田川を航行する大型船の量と将来の自動車交通量であった。当時の勝鬨橋について書かれた論文を読むと、岡部は、「もし隅田川が大船舶の重要航路であれば無条件に高架橋になすべき。しかしながら大船舶の航路としては陸上交通のように将来増加するとは思われません」。滝尾は、「大型船の航行は現在でも非常に少ない状態であり、陸上交通に比し将来も少量であることから、可動橋を用いるのである」。また安宅は、「架橋が完成し埋立地の発展を見るに及んでは陸上の交通が激増することは想像に難くない」と述べている。

私は以前、大型船の舟運が多いからこそ可動橋になったとばかり思っていた。しかし、実際は逆であった。確かに大型船の舟運が多ければ、橋はいつも開橋していなければならず車は通行できなくなってしまう。可動橋は、舟運が少ないからこそ、選択された構造であったのである。そして、彼らは将来航行する大型船が減る一方、橋を通行する自動車は激増すると予測していた。遠からず開橋を止めることも、既に彼らの視野には入っていたと思われる。

さて、可動橋にはいくつか種類がある。エ

レベーターのように桁が上下する昇開橋《しょうかいきょう》、水平に回転する旋回橋《せんかいきょう》、そして勝鬨橋のように桁の一方が上がる跳開橋《ちょうかいきょう》である。昇開橋は、上空の制限があるためにマストの高い船には適さないこと、旋回橋は回転時に船に衝突するリスクがあることなどから敬遠され、跳開橋が選ばれた。開橋時には桁がハの字に開き、その様はバンザイのようで、勝鬨の名にふさわしい景観であった。

勝鬨橋は昭和十五年六月に開通した。当初四年の予定だった工期は、戦時の資材不足から八年に伸びた。戦後、彼らが予見したように大型船の航行は大幅に減少し、一方自動車の交通量は飛躍的に伸びた。また開橋には、操作と人や車を止めるために八人もの職員が必要でもあった。開橋は昭和四十五年を最後に終えたのは当然の流れだったのかもしれない。

4

# 戦争と橋

　多摩地域の多摩川には、江戸時代から三十近くの「渡し」が設けられていた。渡しは、水量が多い春から秋にかけては渡し船を通していたが、水量が大きく減る冬季は芝橋と呼ばれる簡易な橋を架けていた。これらは永久橋の架橋によって姿を消していったが、大正時代には、まだその多くが存在していた。多摩川で、鉄橋やコンクリート橋のいわゆる永久橋の架橋が、最も遅れた地域は南多摩などの中流域である。ここに永久橋が架けられるようになったのは、大正も末になってからで、三章六節でも述べた増田淳の設計による、大正十五年の日野橋が最初であった。

　これを皮切りに、多摩川の支流の浅川にも、八王子市内に昭和二年に大和田橋（現国道二〇号）が、昭和四年に浅川橋（現国道一六号）が架けられた。いずれも鋼鉄製の桁橋であった。これ以降、南多摩地域の幹線道路への架橋が本格化するが、これらの橋は、いずれも鉄筋コンクリート製の桁橋であった。これは、鉄筋コンクリート橋の設計技術が進歩したこともあるが、公共事業を取り巻く状況が大きく変わったことが影響を与えた。

昭和十年代を控え軍靴の音が響くようになると、兵器増産のあおりを受け、鉄板を橋の材料として使うことができなくなった。大正時代の第一次世界大戦時には、鉄筋の入手も困難で、鉄筋を用いない無筋のコンクリートアーチ橋も架けられたが、この当時はまだ鉄筋はかろうじて確保できていていた。このため橋梁技術者たちは、鉄筋コンクリート橋に活路を見いだしていった。

この地域は、西多摩地域のような山間部ではなく、土地が平坦のため、橋の構造としては桁橋が適していた。コンクリートの桁橋は、大正末までは、構造的に支間長（橋脚と橋脚の間隔）が、十数メートル程度が限界であったが、昭和になると、言問橋で用いられたゲルバー構造をコンクリート橋に応用する技術革新により、飛躍的に支間長を伸ばした。多摩市の関戸橋や八王子市の水無瀬《みなせ》橋、日野市の平山橋など、南多摩の主要な橋はいずれもこの鉄筋コンクリートゲルバー桁橋を採用し、特に調布と稲城を結ぶ多摩川原橋は、橋長四百メートル、支間長三十五メートルに達し、同タイプの橋としては国内最長の支間長を記録した。これらの橋の建設を主導したのも、一節で紹介した尾崎義一であった。

しかし、昭和十年代も半ばになると、状況はますます悪化し、鉄が入手できないために、八王子市の松枝《まつえ》橋や昭島市の拝島橋など、橋脚や橋台の一部を造っただけで、工事を中断

4-4-1　（旧）多摩川原橋（多摩川、調布市・稲城市）

4-4-2　大和田橋（浅川、八王子市）

4-4-3　（旧）水無瀬橋（浅川、八王子市）

4-4-4　（旧）萩原橋（浅川、八王子市）

4-4-5　関戸橋（多摩川、府中市・多摩市）

4-4-6　（旧）平山橋（浅川、日野市）

**南多摩に多く架橋されたコンクリートゲルバー桁橋**

4-4-7　新型の木造橋（旧）敷島橋（浅川、八王子市）

する橋が相次いだ。このような中、鉄を使用しない構造物の研究が盛んに行われ、東京府土木部では、窮余の策として新型の木橋を考案した。

　木橋といっても、単純な木造の桁橋ではなく、近代的な橋の設計を下敷きにしたもので、専門的に言えば八王子市の浅川に架けられた敷島橋は木造のラチスガーダー橋、奥多摩町の笹原橋はキングポストトラス橋、あきる野市の高橋はケーブルトラス橋というように、東京府の橋梁技術者が知恵を絞り、木や鉄の使用量を可能な限り節約した斬新な設計の木橋であった。

　ラチスガーター橋とは、細かい部材を組み合わせた桁橋で、第一次世界大戦時の鉄が不足した時代に、旧国鉄で全国に数十橋も架けられた。ただし、この時の材料は木ではなく鉄であった。この構造は鉄の使用量を抑える上では効果があったが、部材が小さいため、

4-4-8　新型の木造橋（旧）笹原橋（沢、奥多摩町）

4-4-9　新型の木造橋（旧）高橋（養沢橋、あきる野市）

塗装などの維持管理に手間がかかったことから次第に姿を消していき、現在は山陰線など三箇所に現存しているのみである。

　多摩に架けられたこれらの木橋も、国鉄の橋がそうであったように維持管理がたいへんで、さらに鉄と異なり木では腐朽も進んだため、寿命は十年程度と短く、昭和二十年代には鉄筋コンクリート橋へ架け替えられてしまった。また、工事を中断していた拝島橋では、橋長四百メートルとい

4-4-10　戦時中に架けられた大型橋梁の（旧）万年橋（多摩川、青梅市）

う長大な木造のトラス橋を架ける計画が進んでいた。しかし、工場で木を加工し終え、架橋する直前に終戦を迎えた。

昭和十五年～二十五年にかけては、全国的に見ても、橋はほとんど架けられていない。これは東京も同様であったが、例外的に架けられた橋があった。青梅市の多摩川に架かる万年橋と檜原村の秋川に架かる橘橋である。万年橋は、二章七節で取り上げたように、明治四十年に架けられた鉄のアーチ橋であったが、架橋から約四十年がたち、増加する自動車の影響で、揺れが大きくなっていた。これに対応するために、鉄骨をコンクリートで巻いて補強し、鉄骨コンクリートアーチ橋として再生を図った。また、橘橋は木と鉄を用いた方杖橋であったが、万年橋と同様に自動車

4-4-11 架橋直後の曙橋（靖国通り、新宿区）

交通に対応させるために、鉄筋コンクリートアーチ橋に架け替えられた。二橋の架かる西多摩地域は、石灰や木材の産地である。これらの運搬の円滑化を図るために、この二橋は言うなれば軍用道路として架け替えられたのである。

戦争によって、東京都で被災した橋は百七十六橋に上った。この内訳は焼失（木橋）が百五十九橋、爆弾が貫通した橋が八橋、落橋が七橋、コンクリートの剝離《はくり》が二橋で、地域的には江東区、墨田区に集中していた。東京大空襲の影響が大きかったことがうかがえる。

これらの橋の補修は、昭和二十年の終戦とともに始まった。この時期の補修の中で、特に目を引くものは橋の欄干の復旧で、昭和二十一年～二十七年までに、五百三十八橋に上った。これは、欄干が戦争での金属供出により撤去されていたためである。美しいデザインの欄干も鉄砲の弾《たま》に姿を変えた。終戦直後、大多数の橋は鉄の欄干ではなく、仮設の木の欄干だったのである。

さて、外苑東通りが靖国通りを跨ぐ所に、鋼鉄製のラーメン橋の曙橋が架けられている。この橋が開通したのは、昭和三十二年である。しかし設計されたのは昭和十一年、橋桁が工場で製作されたのは戦前であった。戦争で工事が中断されていたのである。この橋は、終戦を浦賀船渠《せんきょ》株式会社の工場で迎えた。橋桁は、東京市橋梁課と浦賀船渠の技術者たちによって、造船工場の片隅に保管され守られていたのである。せっかく橋として設計、製作したものを、鋳直して鉄砲の弾や兵器にすることは、技術者として耐えられなかったのかもしれない。今私が当事者であったなら、果たしてこれだけの覚悟があるであろうか。曙橋を靖国通りから見上げると、得も言われぬ重厚感を感じる。それはまるで、これら技術者たちのプライドと責任感を凛として訴えているかのようである。

# 5章 終戦から現代

# 橋のなんでも屋

**1**

**鈴木俊男**

戦争直後の東京は一面の焼け野原であった。過去の例でいけば、大きな災害の後は、災害復旧により技術力はアップするというのが一般的であった。しかし、終戦直後の日本は違った。復旧に必要な、金も資材も、そして人も無かった。

橋の建設は、唯一、GHQの命令により、米軍のキャンプ間を結ぶ特定路線の事業だけが細々と続いた。東京では昭和二十二年に、川越街道が池袋でJR埼京線を跨ぐ箇所に富士見橋が開通した。この橋は、三章六節で述べた増田淳によって設計され、戦争で工事が中断していた橋であった。

昭和二十三年になると、GHQの命令で道路整備五箇年計画が策定され、これを受け、昭和二十五年から、東京都でもようやく橋の工事が本格的に再開された。その最初を担ったのが、やはり戦争で中断していた、荒川に架かる国道六号の四ツ木橋（橋長五百七メートル）の工事であった。

5-1-1　架橋直後の四ツ木橋（荒川、墨田区、葛飾区）

現在の荒川は、かつて荒川本川であった隅田川の水害を防ぐために、東京の市街地を迂回して新たに開削された水路であり、昭和五年に完成し、「荒川放水路」と呼ばれていた。水路の完成当時、国道四号の千住新橋を除き、横断する橋は全て木橋であり、その後も戦前に開通した鉄橋は、昭和十六年に開通した国道一四号の小松川橋しか無かった。このため、新たに出現したこの巨大水路に鉄橋を架けることは、東京都の橋梁事業にとって最大の懸案となっていた。

四ツ木橋の構造は、流水部には鋼鉄製のランガー橋を架け、それ以外はゲルバー鈑桁橋で、昭和十四年に工事に着手し既に戦前に橋脚が数基完成していた。しかし、戦後の工事の再開に当たり、ＧＨＱから設計の変更を指

5-1-2　鈴木俊男

示される。ゲルバー橋は爆撃に対し弱いというというのがその理由であった。当時、東京大学の教授であった田中豊は、これに異を唱えたが、占領下ということで認められなかった。ＧＨＱにはそのような権限もあったのである。

工事は、表向き建設省施工という形がとられたが、当時新設されたばかりの同省には橋梁の設計や監督ができる職員はほとんどおらず、実際は東京都建設局の職員が建設省技官に併任されて行った。設計の変更など、この中心を担ったのは、鈴木俊男であった。鈴木は、大正九年に北海道で生まれ、昭和十七年に日本大学土木工学科を卒業し、直後に招集され、終戦を海軍技術大尉としてフィリピンで迎えた。昭和二十一年に復員し、東京都建設局の橋梁班に配属されていた。

四ツ木橋周辺は東京でも最も地盤が軟弱な箇所である。基礎には木杭と鋼管をコンクリートでつないだペデスタル杭という、今日では用いられなくなった合成杭が使用された。軟弱地盤への長尺杭のはしりとなった工事で、施工はたいへん難航し、これ以後建設される、荒川沿いの軟弱地盤の橋梁の基礎対策に大きな経験となった。四ツ木橋は、戦後初の荒川架橋として、昭和二十七年に開通した。

この頃になると、ようやく橋の新設や架け替えにも予算が付くようになり、荒川への架

5-1-3 現在の西新井橋（荒川、足立区）

橋が本格化する。いずれの橋も長さが四百〜八百メートルという長大橋であり、このプロジェクトを行う部署として、昭和三十二年に東京都第五建設事務所に橋梁建設課が新設された。鈴木はその初代課長に就任する。まず手始めは、西新井橋（四百四十四メートル）の木橋から鋼鉄橋への架け替えであった。架橋地点は地盤が軟弱なため、橋の構造には床に鋼板を使った、当時最新構造の鋼床版ゲルバー鈑桁橋が採用された。また、基礎にも当時最新の構造である工場製作の鉄筋コンクリート中空杭が用いられた。

その後、昭和三十八年には葛西《かさい》橋（七百二十七メートル）、昭和四十年に鹿浜《しかはま》橋（四百五十一メートル）、昭和四十一年に江北橋（四百

5-1-4　現在の葛西橋（荒川、江東区・江戸川区）

四十九メートル）、昭和四十二年に堀切橋（五百十四メートル）と平井大橋（六百十六メートル）と相次いで架けられ、これにより区部北部から東部にかけて交通の近代化が図られた。

これらの中でも葛西橋は、非常に特異な構造をしている。外観は隅田川の清洲橋と同様の吊り橋に見えるが、橋の中央部分をよく見ると橋桁が連続ではなく、ゲルバー構造であることがわかる。橋脚から左右に張り出された橋桁を、主塔から張り渡した吊り材で吊って補剛し、中央部分に橋桁を設置したもので、「ゲルバー式吊り補剛桁橋」という構造である。世界初の構造で、当時東京で最長の支間長を誇るものであった。現在も世界に同じ構造の橋はない。鈴木はこの橋の設計により博士号を取得している。

戦後の橋の新構造と言えば、合成桁《ごうせいけた》や鋼《こう》床版《しょうばん》、そして溶接を用いた格子桁《こうしげた》などであった。鈴木はこれら海外の最新技術にも早くから取り組んだ。昭和二十九年には国内二例目の合成桁となる塩原橋（墨田区）を、昭和三十年には、我が国初の鋼床版橋となる新六の橋（江東区）を、同じく昭和三十年には、我が国初の合成格子桁橋の飯塚橋（足立区〜葛飾区）を設計した。

その後鈴木は、昭和三十五年には道路建設本部計画課長となり、東京オリンピック関連道路建設の重責を担うことになり、環状七号線の立体交差橋の建設などを主導した。東京都の戦後の橋梁建設は、荒川への架橋と環状七号線の立体交差などが主なものであるが、鈴木はその双方に深く関わった。戦後の東京の橋梁は、鈴木が造り上げ

5-1-5　日本初の鋼床版桁橋（旧）新六の橋（堅川、江東区）

5-1-6　日本初の合成格子桁橋（旧）飯塚橋（中川、足立区・葛飾区）

たと言っても過言ではない。昭和五十一年、鈴木は建設局技監を最後に東京都を退職し、翌年に日本大学土木工学科の教授に就任した。

鈴木は、平成十二年に土木雑誌のインタビューで自らが行った仕事を振り返り、最後を次のように結んでいる。「君の専門は何かねと聞かれたことがある。その時私は、橋の『なんでも屋』ですと答えました。最近は専門化が進んで橋の何屋という人は多くなりましたが、私は『なんでも屋』こそ本当の橋屋ではないかと思っています」

戦後、橋の設計では、鉄の橋、コンクリートの橋、さらには橋脚、基礎工というように専門化が進み、「橋」を一つの構造物として捉え俯瞰できる技術者はほとんどいなくなった。一般の人には信じられないかもしれないが、大学で橋梁工学と言えば「鉄の橋桁」だけを指す。大学の橋梁工学の先生で、橋の基礎や橋脚について詳しい先生は皆無だと思う。

しかし、昔の技術者、例えば震災復興の頃はそうでは無かった。橋桁、橋脚、基礎など橋全体の構造に精通し、橋を一つの構造物として捉え、耐震性や耐久性など全体から評価ができた。それらを一体的に考えられる技術者や学者がいたのである。鈴木は、自らこそ本当の橋梁技術者であるとのプライドを込め、一方で専門化が進む橋梁技術者へのアンチテーゼとして、このように述べたのではないだろうか。しかし、これは、決して橋梁という狭い世界のことだけではなく、近年の日本社会全体に言えることなのかもしれない。

2

# 時代を先取りした橋の設計者

## 一ノ谷基

現在、ＮＨＫで土曜の夜に『ブラタモリ』という番組を放送している。タモリさんが、全国各都市を訪ね、古地図をもとに街を歩きながら街の成り立ちなどを推測するという番組であるが、毎回タモリさんの土木の専門家と見間違えるほどの博識ぶりに驚かされている。このタモリさんが以前他の番組の中で、赤坂見附の交差点を初めて見た時、未来都市のようだと感じたと語っていたことがある。確かに高架橋が折り重なり、背景に高層ビルがそびえる風景は近未来を感じさせる。この交差点に架かる青山通りの陸橋は赤坂見附高架橋という。この高架橋は今から五十年前の東京オリンピックの時に完成した。しかし、タモリさんが語ったように、今でも古さを感じさせない非常にモダンな外観をしている。設計は東京都建設局の一《いち》ノ《の》谷《や》基《もとき》氏が行った。五年ほど前に一ノ谷氏に都庁までお越しいただき、昔の橋梁課の話などを伺いたいへん勉強になったことがある。

5-2-1　赤坂見附高架橋（港区）

5-2-2　一ノ谷基

一ノ谷氏は、昭和四年に富山県で生まれ、昭和二十八年に早稲田大学を卒業し、建設局道路部橋梁課に入られた。その後、橋の設計を中心に仕事をされ、第五建設事務所橋梁建設課長や道路建設部長、港湾局技監などを経て昭和六十三年に退職された。

一ノ谷氏が関係された橋で、私が大好きな橋がある。中央区兜町にある日本橋川に架か

5-2-3　鎧橋（日本橋川、中央区）の斬新なデザインの欄干

る鎧橋である。二章三節で述べた、明治二十一年に原口要が設計したあの橋である。現在の橋は、レンガ橋台を残して昭和三十二年に架け替えられたものであるが、この時、橋の設計を担当されたのが一ノ谷氏である。実のところ私はお話を伺うまで、この橋は、平成になって架け替えられたものとばかり思っていた。そのように思えるほど、現代的なのである。一ノ谷氏に伺うと、昭和二十九年に設計し、三十二年に完成した橋で、現在は土木コンサルタントに委託する設計を、当時は自ら行ったということであった。

　橋桁はスレンダーでシャープなフォルムである。欄干も水平方向を強調した現代彫刻のようなダイナミックなデザインである。このデザインは、兜町という土地柄「戦後の日本経済の力強い発展」を願う意味から「力」をテーマに、欄干の一番上の横桟を太く、さらに黒御影石を使い黒色にし、水平方向の線を強調することで力強さを表現したのだという。現代では、欄干のデザインを決めるのに、このようにコンセプトを決めるなどということはまずしない。当時の担当者がいかに自らの仕事に愛着を持ち、大切に扱っていたのかの証拠であると思う。また、現代でさえ黒という色を欄干に使うことはない。たいへんモダンである。

さて、鎧橋の話になった時に、私は以前からの疑問を尋ねた。鎧橋は架け替えの時になぜ、明治時代のレンガ橋台を再利用したかについてである。それまで、穏やかに話されていた一ノ谷氏の目付きが一瞬険しくなって以下のように答えられた。「君、あの関東大震災でも無傷だったんだよ。しかも当時の鎧橋は橋脚が無く、二箇所の橋台だけで橋桁を支えていた。新橋では橋脚を二本追加し、合計四箇所で橋桁を支えることになった。つまり、橋台が受け持つ重さは以前の半分に軽くなった。なんで造り替える必要があると考えるのだね」。実に合理的な回答であった。私は尋ねたことを恥ずかしく感じた。

一ノ谷氏は、多摩地域にも斬新な橋を設計されている。八王子市と昭島市を結び、昭和四十年に多摩川に架けられた多摩大橋である。橋桁の形は台形をしており、たいへんスレンダーな外観をしている。専門的には、「開断面合成箱桁橋」という。平成十年代に、公共事業のコスト縮減が叫ばれ、橋でも工事費を

5-2-4　架橋直後の多摩大橋（多摩川、八王子市・昭島市）。橋桁の構造は逆台形の開断面合成箱桁橋

下げる様々な新構造が提案された。開断面合成箱桁橋という構造は、その時に、新形式として橋梁界で脚光を浴びた構造なのである。多摩大橋を現在見ても古さを感じさせないのも道理である。なんと、一ノ谷氏はそれに先立つこと四十年前に、同じ構造で設計していたことになる。

こんなエピソードも伺った。一ノ谷氏が東京都に入って最初に課長から命じられた仕事は、橋梁課で購読していたドイツ語の土木雑誌の記事の翻訳であった。一週間後、翻訳を終え課長へ意気揚々と提出し、これを課内で回覧しましょうかと尋ねたところ、課長は「皆その内容は熟知しているからいいよ。橋の設計には根気がいる。君がそれに向いているか試したんだ」と答えられたそうである。

海外の土木雑誌を購読するなど現在では考えられないことである。まだ日本語の専門書は少なく、書棚には英語やドイツ語の専門書が詰まっていた。当時の橋梁課の職員の技術水準の高さに驚かされる。このような組織にいれば、技術力は磨かれたであろうことは想像に難くない。

一ノ谷氏は、本庁の橋梁課から荒川、中川の橋を管轄していた第五建設事務所橋梁建設課へ設計係長や課長への昇格で異動されている。荒川周辺は、地盤が東京でも最も悪い地域の一つであり、橋の基礎に適した固い地盤は、地下三十~五十メートル程度掘らないと出てこない。戦前には、このように深い場所に安定した基礎を造る技術は無かった。橋梁建設課は、このような荒川などに長大橋を架橋するために配置された橋梁建設専管の課であった。橋の設計は、国で定めた基準である『道路橋示方書』に基づいて行う。しかし当時は、この示方書に基礎構造に関する規定は無かった。そこで橋梁建設課の職員は、橋ごとに工夫をし、今日ではごく一般的な基礎構造となった鋼管杭を始めとする様々な基礎構造を産み出した。その後、全国的に見て先駆的な東京都の事例がやがて全国基準へと進化していったのである。

残念ながら、当時と比べて東京都の土木職員の技術水準は落ちていると思う。一ノ谷氏は、計二十年にわたって橋の建設に携わられた。当時、他の職員も異動は少なく、同種類の仕事を長く経験した。特に橋のように土木の多くの分野の知識を必要とする業務では、一人前になるためには時間を要する。しかし、現在の異動サイクルは二~三年と短い。これは都だけではなく、多くの役所に共通して言えることだと思う。このような現状では、かつての先輩のような高い技術力を持つことや、技術力の伝承を望むことは無理なのではないかと思う。

経験者から直接話を聴きまとめることを、歴史学の世界では「オーラルヒストリー」と呼ぶ。OBには豊富な経験を持たれた先輩方が多くいらっしゃる。たまには、そのような先輩から熱い想いの詰まった話を聴く場を設けることも、技術力アップの一助になるのではないだろうか。

## 3 多摩川中流部架橋の光と影

東京都が施工した戦後の橋のビッグプロジェクトは、荒川の架橋や環七などの立体交差橋、そして昭和五十年代後半から計画が進められた多摩川中流部の架橋であった。

多摩川中流部とは、狛江市から日野市までの地域を指し、この間に多摩水道橋、多摩川《たまがわ》原《ら》橋、是政《これまさ》橋、関戸橋、日野橋の計五橋が架橋されていた。多摩地域は、戦後人口が急増し、それに伴い自動車交通も急増したことで、昭和四十年代になると、これら五橋は慢性的な交通渋滞に悩まされていた。さらに、多摩ニュータウンが建設中であり、渋滞が一層激化することが予想されていた。

東京都はこの対策として、新橋の建設と既設橋の拡幅を打ち出した。当時、関戸橋以外の橋は二車線で、車線数は五橋を合計しても十二車線しかなかった。計画はそれを九橋三十四車線の約三倍に増やすというもので、新橋として、都が稲城大橋、府中《ふちゅう》四谷《よつや》橋、立《たっ》日《び》橋の三橋を、国土交通省が石田大橋を架け、既存の橋は日野橋以外を四車線の橋に架け替えるというものであった。

これらの計画を主導したのは、一節で述べた鈴木俊男の愛弟子であり、橋梁企画係長の平原勲氏であった。

東京都は昭和六十年度に、人事制度として主任制度を導入した。就職して数年後に主任選考試験があり、合格すると主任に昇格するが、これに合わせ例えば建設局から下水道局など他の部署へ異動しなければならなかった。つまりスペシャリストではなくゼネラリストを養成することを目指した制度改革であった。この制度の導入以降、専門的知識に秀でた技術職員は減少し、橋梁もその例外ではなかった。

平原氏は、既にこの制度の導入以前に係長へ昇進していた。また橋の設計を土木コンサルタントではなく、役人が直営で行った最後の世代でもあった。東京都で「橋屋《はしや》」と呼ぶにふさわしい最後の技術者であったと言えよう。

戦後、橋を建設するに当たって、最も優先されたのは経済性であった。そこには、関東大震災の復興事業のように、構造的に最適な橋は何かとか、景観的に望ましい橋は何かとかの議論はほとんど無かった。しかし平原氏らは、多摩川中流部の橋の構造を決めるに当たって、震災復興がそうであったように、経済性だけではなく、景観性や構造の多様性、最新性を求めた。

その結果、各橋の構造は専門的に言えば、多摩水道橋は鋼補剛アーチ橋、多摩川原橋は

5-3-1　多摩川原橋計画時完成予想図。上り線、下り線ともにフィンバック（三角形の突起）が橋上に出ている

鋼床版フィンバック箱桁橋、稲城大橋は鋼床版箱桁橋、是政橋は二面吊り鋼斜張橋、府中四谷橋は一面吊り鋼斜張橋、そして立日橋は中央に多摩都市モノレールが通る二階建ての鋼箱桁橋とバラエティーに富むものとなった。

また、親柱や欄干のデザインについては、やはり機能一点張りであった戦後の橋への反省から、橋梁構造の第一人者であった田島二郎埼玉大教授を委員長に、土木の専門家だけではなく、雑誌『広告批評』の編集長の島森路子氏やライフコーディネイターのフランソアーズ・モレシャン氏など文化人も加えた検討委員会により決定された。これは、土木事業ではたいへん先駆的な取り組みであった。

昭和六十年代に入ると順次工事に着手し、平成元年に立日橋が、平成七年に稲城大橋と多摩水道橋の上り線（二車線）が、平成九年に多摩川原橋の上り線（二車線）が、平成十年に是政橋の上り線（二車線）と府中四谷橋が、平成十二年に多摩水道橋の下り線が完成

5-3-2　現在の多摩川原橋（多摩川、調布市・稲城市）。先行して架橋された右側の上り線はフィンバックがあるが、下り線にはフィンバックが無い

し、プロジェクトは順調に推移していった。

しかし、これ以降多摩川中流部橋梁の工事は滞る。都財政が悪化し、平成十年代に石原都知事が登場すると財政再建の下、大型プロジェクトの見直しが行われた。これにより多摩川原橋と是政橋の下り線の工事が、財務当局から中止を求められ、再開には二割以上の大幅な工事費の削減が条件とされた。

私は、当時この二橋の担当であった。二橋のうち、まず前後の道路拡幅が進む多摩川原橋の整備を優先し、構造の再検討を行った。

多摩川原橋の構造は、鋼床版フィンバック箱桁橋という。フィンバックとは、イルカの背びれという意味である。支間長が百七十メートルと長い桁橋のため、構造上、橋桁が厚くなり、橋脚部で橋上に桁の一部が三角形に

5-3-3　是政橋（多摩川、府中市・稲城市）

飛び出る形状になる。それがイルカの背びれに似ていることからこのように呼ばれている。

　工事費の二割削減といっても、無駄な切りしろなどは無かった。しかし、解決策は全くの偶然でもたらされた。国の構造基準である『道路橋示方書』が改訂になり、橋に使用できる鉄板の厚さがそれまでの五センチメートルから十センチメートルにアップされた。この厚い鉄板を用いた設計によりフィンバックが不要となり、工事費が削減できたのである。これにより事業が再開されたが、その代償として、下り線の橋にはフィンバックは無く、上り線と下り線の橋の形が異なるという現実が残った。私は忸怩《じくじ》たる思いであった。

　是政橋での要求はさらに厳しいものであった。それは、イメージ的に割高感が強い斜張

5-3-4　右側が先行架橋した上り線、左側が後行架橋した下り線。橋桁を下から見上げると、構造が違うのがわかる

5-3-5　先行した左側に対し後行の右側ではケーブルの数が1本少ない

橋という構造自体を見直すようにとのものであった。しかし、多摩川原橋の苦い経験もあり、斜張橋という構造はどうにかして死守したいと考えていた。

この再検討を行っていた平成十年代前半は、橋梁メーカーはコスト縮減の観点から、様々な新構造を発表していた。当時国内の同規模の斜張橋は、是政橋がそうであったように、いずれも鋼鉄製の床と箱型断面の橋桁を用いていた。再検討では、発表間もない新構造を積極的に採用した。床は鋼鉄製からコンクリートと鋼鉄の板を合成した「合成床版《ごうせいしょうばん》」へ、箱型断面の橋桁は大型のI型の「少数主桁」構造に変更した。国内で初となる「合成斜張橋」構造の誕生であった。これにより、事業費は二割をはるかに超える大幅な削減を図ることができた。このような対策は、写真5－3－4のように、橋を下から覗くと克明にわかる。是政橋は下り線も斜張橋となり、概ね同じ外見を維持できた。しかしよく見ると、ケーブルの本数は、写真5－3－5のように下り線は上り線より一本少ない。これについては、構造上妥協せざるを得なかった。

　さて、公共事業と言えば、メディアはいつからか「無駄な」という枕詞を付けるようになった。これへの対応からか、平成十年代になると、国から道路や橋の建設の認可を得るためには、当該事業により得られる便益が、事業費（工事費＋用地費）より大きくなることが条件とされた。道路や橋を整備することで渋滞が減り移動時間が短縮される。ここでいう便益とは、これにより節減されるガソリン代や、ドライバーの拘束時間の短縮を費用換算したものなどを合算したものである。

　しかし、道路や橋の整備により得られる本質は他にあるのではないだろうか。道路や橋ができれば、利便性が増し土地の資産価値も上がる。流通が活発化し新たな産業が興ることもある。そして何より防災性が増す。これらは、江戸時代の両国橋の架橋が、その後の江戸の発展にどれだけ寄与したか、また、震災復興で造られた道路や橋が、戦後の東京の発展にどれだけ寄与したことか、その効果を語るまでもないことである。

多摩川原橋も是政橋も、再検討やその後の財政難などから全線開通は大幅に遅延し、その分だけ整備効果の発現は遅れた。また、工事費を削減するために、後発の工事であった下り線の橋の構造を変えたことにより、上り線と下り線の外観が異なったことは、この橋が今後百年以上続くことを考えると、果たして正しい選択であったのだろうかと今でも考えることがある。自らが絡んだ仕事であるが、この二つの橋の姿は、まるで近年のこの国の公共事業を巡る迷走を表しているかのように思えてならない。

## 4 震災復興橋梁を世界遺産に

二〇一五年に「明治日本の産業革命遺産」が世界遺産として認められた。日本は西洋諸国以外で初めて産業革命を成し遂げ、わずか五十年で先進工業国となった。これらは、その礎を成した遺跡群として評価されたものであった。私は、東京にもこれら遺産に決して引けを取らない、現代日本の礎を築くのに寄与した土木遺産があると考えている。それは関東大震災の復興で架けられた隅田川の橋梁群である。

世界遺産には、今回の指定や京都奈良の寺院などの文化遺産と、白神山地や小笠原諸島などの自然遺産がある。隅田川の震災復興橋梁群が世界遺産に手を挙げるのなら文化遺産に当たる。まず、世界遺産に登録されるには、ユネスコが指定する十項目の基準のいずれか一つ以上に合致する必要がある。その中では、次の二項目が該当すると思われる。「1．建築、科学技術、記念碑、都市計画、景観設計の発展に重要な影響を与えた……」「2．歴史上の重要な段階を物語る建築物、……景観を代表する顕著な見本」。ちなみに「明治日本の産業革命遺産」もこの二項目を適用している。

次に、登録に当たって重要となるのは、対象物の普遍的価値の評価である。世界の橋梁を見てみると、パリのセーヌ川には彫刻を施した美しいアーチ橋が多数ある。ロンドンのテームズ川もタワーブリッジを始めとして歴史的橋梁が連続している。これら外国の諸橋に比べて、隅田川の橋梁の価値はどう評価されるのだろうか。

復興局橋梁課で技師や橋梁課長を務め、その後日本大学の教授になった成瀬勝武は、昭和初期の自著の中で震災復興の橋梁群を以下のように評価している。「一つの都会の橋梁が約五百橋に近く改造されて、それが最も最新な構造よりなっているが如きは、断然、東西に比較するなにものも無い。欧州のパリ、ベルリン、ロンドン等には数十の橋梁があるけれど、過去数十年の間に漸次架橋されたものであって、その装飾は華麗なものが多いにしても最近の技術によった構造は少ない。橋梁形式も東京におけるほど変化がない。全体的に評言すれば、欧州大都会は橋の歴史を示しており、米国ニューヨークは大橋梁の見本市であり、東京は現代中型橋梁を網羅した展覧会場であろう。」この文章は、震災復興橋梁の代表である隅田川の橋梁群の特徴、言い換えれば価値を見事に表している。

パリのセーヌ川は周辺を含め世界遺産に登録されている。川下りはパリ観光の目玉の一つであり、その主役は美しい橋巡りである。これらの橋梁群は、一番古い一六〇七年に架けられたポンヌフから現代まで、約四百年間にわたって各時代に架けられてきた。このため成瀬が指摘するように橋の歴史、つまりこれらの橋が架けられた時代の構造やデザイン様式を映し出している。ただし構造的には、ほぼ全てアーチ橋であり、吊り橋や桁橋などは無くバラエティーに富んではいない。

それに対して東京では、橋梁は関東大震災でほぼ一斉に架け替えられた。架け替えに当たって、標準構造を決め機械的に当てはめたのではなく、橋ごとに地形や地盤に最適な橋梁を、しかも当時世界で最先端の構造を適用していった。その結果、ソリッドリブタイドアーチ橋の永代橋、自碇式吊り橋の清洲橋、ゲルバー桁橋の言問橋など橋の展覧会にも例えられるバラエティーに富んだ橋梁群が出現した。二十世紀前半のほぼ近代橋梁の構造が完成された時期の、様々な構造の橋梁を一同に見られる川は世界中に隅田川をおいて他にない。しかも欄干なども、現在まで続くモダニズムという最先端を行く建築デザインをいち早く採用していた。

さらに設計や工事、材料となる鉄の製作も全て日本人自身の手によって行われた。西洋に学び明治初年から積み重ねた橋梁技術が、世界水準に達した成果であったのである。様々な種類の橋梁を架けたため、それに適応できる幅広い設計力や施工能力を短時間に取得することとなった。これらは、戦争による停滞を経たものの、やがて明石大橋や瀬戸大

5-4-1　スカイツリーから眺めた清洲橋（手前）と永代橋

橋として花開く世界最高水準となる橋梁技術の礎となったのである。

関東大震災は十万人の死者、当時の国家予算の三年分に当たる総額四十五億円もの被害を出した大災害であった。しかし、明治の市区改正事業も遅々として進まなかった東京の都市計画にとっては、近代都市を造る千載一遇のチャンスとなった。焼け野原となった市街地は、都市部では世界初と言われる区画整理事業で整備が行われ、幹線道路や橋梁も配置され、わずか六年で復興を成し遂げた。世界の最先端を行く構造とデザインの橋梁は、帝都の復興をそして近代都市を東京市民に体感させるには効果は絶大であった。さらにこれら道路や橋梁が整備されたからこそ、戦争で再び焼け野原になっても、戦後、東京はいち早く復活し日本を牽引できた。これらを無くして、戦後の日本経済の発展は考えられなかったと思う。

現在、震災後に建てられた建物の多くは建て替えられ姿を消してしまったが、隅田川の橋梁群は震災復興が残した記念碑としてその雄姿をとどめ、今なお首都の交通を支え続けている。ユネスコが指定する上記の二項目にまさしく適合するふさわしい建造物ではないだろうか。

世界遺産に登録されるためには、国内法によって保護体制が取られていることが前提となるため、全ての橋が国の重要文化財に指定される必要があるなど多くのハードルがある。しかし登録は、このように素晴らしいインフラを後世に残してくれた先達へのお礼であるとともに、グローバルシティ東京の潜在した魅力を世界の多くの人に知ってもらえるまたとない機会になると考える。

# 終わりに

六年ほど前から、十一月十八日の土木の日に合わせて、新宿西口で「東京橋のパネル展」というイベントを開催している。昨年は「明治・大正の東京の橋」、一昨年は「震災復興と東京の橋」など年度ごとにテーマを決めて橋の模型や建設時の図面などを展示してきた。開催期間は四日間と短いが、二万人を超える多くの来場者を数えるまでになった。

会場では、「橋って美しいですね」とか「百年も前によくこんな素晴らしい橋を架けられましたね」とかの声をよく聴く。橋好きの人が増えるのは、この上もない喜びである。この期間に多くの人と橋談義に講じるのは、橋オタクを自認する私にとって至福の時である。

橋は文明と文化の象徴であると考えている。橋は文明の証である高い技術力が無ければ架けることができない。しかし、そこにデザインなどの文化性が無ければ巨大な鉄の塊にしか過ぎない。美しい橋は、高い技術力と文化があって初めて成せるものなのである。北京の盧溝橋、ベネチアのリアルト橋、ロンドンテームズ川のタワーブリッジ、セーヌ川のポン・デザールなど、世界の名だたる名橋は、いずれも国が栄え、文化が花開いた時に架橋されたものである。

震災復興で架橋された、永代橋などの隅田川の橋も、太田圓三と田中豊という稀代の技術者の存在もあるが、その背景には大正ロマンという爛《らん》熟《じゅく》した文化の波があった。当時の新聞や雑誌では、技術者や文化人たちは、帝都にふさわしい橋の構造や形はどうあるべきかなどの議論を戦わせていた。

そのような議論の末、当時の技術者たちは美しくそして丈夫な橋を私たちに残してくれた。これらの橋は、震災の復興や戦後の高度経済成長を支えてきた。現在の東京の繁栄は、その遺産の上に成り立っている。

明日の東京を支えるために、私たちは次世代にどのような橋を残し、また橋の在り方をどのように伝えていくべきなのだろうか。橋には、アーチ橋、トラス橋、吊り橋など様々な構造がある。その造形の多様性が、橋の建造物としての魅力である。しかし近年、東京に限らず我が国で建設される橋は、そのほとんどを桁橋が占めるようになり、構造的にも、景観的にも画一化されたものになっている。これは構造を決定する時に、経済性のみを偏重するようになった結果である。

この国には、橋の高い技術力がある。クールジャパンという世界が認める文化もある。インフラ整備は未来を作り出すために不可欠の投資である。私たちが享受したように、子や孫にも素晴らしい橋を残していこうではないか。

最後に、この本は、二〇一四年と二〇一五年に『都政新報』に連載した「橋を透して見える風景」に加筆し、一冊にまとめたものである。連載、出版ともに都政新報社の岸史子氏のお力添え無しには、このような機会を得なかった。東京都OBの一ノ谷基氏、平原勲氏、板橋区役所の志村昌彦氏には執筆に当たって度々ご助言を頂いた。また、尾崎義一氏のご親戚の西律子氏、小池啓吉氏のご子息の小池修二氏、鈴木俊男氏のご子息の鈴木俊郎氏には貴重なお写真をお借りした。この場を借りて皆様に感謝を申し上げます。

## ◉主な参考文献


### 1 章

1-1、2

1．『江戸の橋　制度と技術の歴史的変遷』鹿島出版会 松村博 2007
2．『東京市史稿　橋梁編第一、第二』 東京市役所　1936、1939

1-3

1．「東京・三多摩地域における 木・石・れんが橋の発展に関する研究」『土木史研究論文集』24 号　紅林章央・前田研一・伊東孝　土木学会　2005

1-4

1．『御岳山一石山紀行』竹村立義　1827
2．『新編武蔵風土記稿』　1804-29
3．「東京・三多摩地域における 木・石・れんが橋の発展に関する研究」『土木史研究論文集』24 号　紅林章央・前田研一・伊東孝　土木学会　2005
4．（旧）沢戸橋写真　五日市郷土館蔵

### 2 章

2-1

1．「東京都公文書館所蔵 常磐橋関係文書」1877 他
2．「常磐橋改修工事完成」 東京市公報　1934.10.20
3．『郡区石鉄造橋梁箇所書』 東京府　1886

2-2

1．『お雇い外国人　15（建築土木）』 村松貞次郎　鹿島出版会 1976
2．「工学博士　松本荘一郎」『日本博士全伝』 花房吉太郎・山本源太　博文館 1892
3．「故工学博士　松本荘一郎」『大日本博士録　工学博士之部』井関九郎 発展社 1930
4．『土木人物事典』 藤井肇男　アテネ書房　2004

2-3

1．「工学博士　原口要」『日本博士全伝』 花房吉太郎・山本源太　博文館 1892
2．「故工学博士　原口要」『大日本博士録　工学博士之部』井関九郎 発展社 1930
3．『東海道鉄道線路震害及び復旧工事報告書』震災予防調査会 1893
4．『土木人物事典』 藤井肇男　アテネ書房　2004

2- **4**

1. 「故工学博士　原龍太」『大日本博士録　工学博士之部』井関九郎　発展社 1930
2. 『同窓会誌』15 号　攻玉社　1892
3. 「工学博士原龍太君立志伝」『成功』　成功社　1902
4. 「橋の会座談会」『工学』24 巻 5 号　1936
5. 『土木局第 13 回統計年報』　内務省土木局製図課　1902
6. 『土木人物事典』　藤井肇男　アテネ書房　2004
7. 「明治期における東京の鉄製道路橋と技術者群像」『土木史研究論文集』25　伊藤孝　土木学会　2006

2- **5**

1. 『同窓会誌』118 号　攻玉社　1900
2. 『日光橋煉瓦橋架替書類』　東京市役所　福生市役所蔵
3. 「故工学博士　倉田吉嗣」『大日本博士録　工学博士之部』井関九郎 発展社 1930
4. 「故工学博士　倉田吉嗣略伝」『工学会誌』223 号　1900
5. 『西多摩郡名勝誌』　東京府西多摩郡役所　1923
6. 日光橋写真　福生市役所蔵

2- **6**

1. 「前攻玉社工学校名誉校長　金井彦三郎先生伝」『玉工』第 13 巻 5 号　攻玉社 1940
2. 「金井彦三郎　攻玉社関係書類、異動辞令集」

2- **7**

1. 『万年橋歴史的調査委員会報告書』　土木学会　2004
2. 「東京・三多摩地域における 木・石・れんが橋の発展に関する研究」『土木史研究論文集』24 号　紅林章央・前田研一・伊東孝　土木学会　2005

2- **8**

1. 『橋の話』　樺島正義　自家版
2. 『自伝』　樺島正義　自家版
3. 「其の途の人に訊く」『エンジニア』11 巻 11 号　樺島正義　1932
4. 樺島正義写真　小池修二氏所蔵
5. （旧）新常磐橋、（旧）猫又橋写真、東京都建設局蔵

2- **9**

1. 『開橋記念　日本橋志』　東京印刷　1912
2. 『日本橋架橋 80 年記念誌』　名橋日本橋保存会　1992
3. 「日本橋の思いで」『土木学会誌』第 49 巻 11 号　米元晋一　1964

# 3章


3-1

1．『帝都復興史』　復興調査協会　1930
2．『帝都復興事業誌（土木編　上巻）』　復興事務局　1931
3．『帝都復興事業に就いて』　太田圓三　復興局土木部　1924
4．「橋梁と災害」『土木建築雑誌』10巻2号　小池啓吉　1931

3-2

1．『日本土木史』　八十島義之助　土木学会　1994
2．『復興局橋梁概要』　復興局土木部
3．『鷹の羽風 - 太田円三君の思出』　故太田円三君追悼会　1926
4．『田中豊博士追想録』　東京大学工学部土木工学科橋梁研究室　1967

3-3

1．「復興橋梁座談会」『エンジニア』9巻3号　1930
2．「隅田川橋梁の型式」『土木建築雑誌』6巻1号　田中豊　1927
3．「復興橋梁に関する一技術家の感想」『都市問題』10巻4号　田中豊　1930

3-4

1．「永代橋上部構造設計」『土木建築雑誌』6巻1号　竹中喜義　1927
2．「隅田川橋梁の型式」『土木建築雑誌』6巻1号　田中豊　1927
3．『帝都復興事業に就いて』　太田圓三　復興局土木部　1924
4．「復興橋梁座談会」『エンジニア』9巻3号　1930
5．「新永代橋の型式撰定について」『土木建築工事画報』3巻3号　田中豊　1927
6．読売新聞　1922.3.4

3-5

1．『岡部三郎さんを偲んで』　岡部三郎追想録刊行委員会　1980
2．『吾妻橋改築報告』　有本岩鶴　東京市
3．「復興橋梁座談会」『エンジニア』9巻3号　1930
4．「厩橋改築工事概要」『道路の改良』12巻2号 遠藤正巳　1930
5．「吾妻橋改築工事一、二」『土木建築雑誌』10巻2,3号　小池啓吉　1931

3-6

1．「橋梁設計技術者・増田淳の足跡」『土木史研究論文集』23　福井次郎　土木学会　2004
2．千住大橋写真、白鬚橋写真、（旧）戸田橋写真、二子橋写真、（旧）

尾竹橋写真、富士見橋写真、(旧) 六郷橋写真、東京都建設局蔵

3- 7

1.「東京市の橋梁としての鋼鈑桁」『都市工学』6巻11号　徳善義光　1927
2.『帝都復興事業誌（土木編　下巻）』復興事務局　1931
3.「復興橋梁座談会」『エンジニア』9巻3号　1930
4.「土木技術家の回想」『土木技術』25巻1～6号　成瀬勝武　1970
5.(旧) 神田橋写真、東京都建設局蔵

3- 8

1.「土木技術家の回想」『土木技術』25巻1～6号　成瀬勝武　1970
2.「ロベエル・マイラアと彼の橋」『土木技術』13巻1号　成瀬勝武 1958
3.「坪沢橋」『土木技術』12巻10号　1957
4.成瀬勝武写真　日本大学蔵

3- 9

1.『田中豊博士追想録』　東京大学工学部土木工学科橋梁研究室　1967
2.『福田武雄博士論文選集』　福田武雄博士論文選集刊行会　1993
3.「土木技術家の回想」『土木技術』25巻1～6号　成瀬勝武　1970
4.豊海橋写真　東京都建設局蔵

3- 10

1.『昭和初期の富山都市圏における土木技術者と3人の土木技師』白井芳樹 2005
2.『東京市職員録』　東京市役所　(1907～1932)
3.「震災による東京市道路橋梁の被害並びに応急措置」『土木学会誌』10巻2号　竹内季一　1924
4.『土木人物事典』　藤井肇男　アテネ書房　2004
5.『東京市職員写真銘鑑』　市政人社　1936
6.小池啓吉写真　小池修二氏蔵

3- 11

1.『建築家山口文象　人と作品』　近藤正一　ＲＩＡ建築綜合研究所　1982
2.「復興橋梁設計に就いて」『道路』4巻7号　太田圓三　1925
3.「復興橋梁座談会」『エンジニア』9巻3号　1930
4.「兄事のこと」『建築をめぐる回想と思索』　長谷川堯　新建築社 1976

5. 山田守写真　(株) 山田守建築事務所蔵
6. 山口文象写真　(株) アール・アイ・エー蔵
7. 「復興橋梁に関する一技術家の感想」『都市問題』10巻4号　田中豊　1930

3-⓬
1. 『帝都復興事業に就いて』 太田圓三　復興局土木部　1924
2. 「土木技術家の回想」『土木技術』25巻1～6号　成瀬勝武　1970

3-⓭
1. 『橋梁』 成瀬勝武　新光社　1929

3-⓮
1. 『橋梁』 成瀬勝武　新光社　1929
2. 「復興橋梁座談会」『エンジニア』9巻3号　1930

3-⓯
1. 『帝都復興事業誌 (土木編　上巻)』 復興事務局　1931

3-⓰
1. 『帝都復興事業誌 (土木編　上巻)』 復興事務局　1931
2. (旧) 新大橋の工事関係者を記した名板写真　東京都建設局蔵

# 4章

4-❶
1. 「東京都における戦前道路橋の図面に関する調査および図面の史料性に関する考察」『土木史研究講演集』26号　福井次郎・紅林章央　土木学会　2006
2. 「㈱東京鉄骨橋梁社報 (23号)」1967.10
3. 「東京府における橋梁工事概要」『道路の改良』14巻1号　来島良亮　1932
4. 「東京奥多摩町・青梅街道の昭和前期における橋梁の進展に関する研究」『土木史研究論文集』25号　紅林章央・前田研一・伊東孝　土木学会　2006
5. 音無橋写真、(旧) 丸子橋写真、(旧) 小台橋写真、千登世橋写真、田端大橋写真、目黒新橋写真、(旧) 棚沢橋写真、氷川大橋写真、(旧) 南氷川橋写真、(旧) 弁天橋写真、(旧) 笹平橋写真、(旧) 琴浦橋写真、奥多摩橋写真、東秋留橋写真、東京都建設局蔵
6. 尾崎義一写真　西律子氏蔵

4-❷
1. 『岡部三郎さんを偲んで』 岡部三郎追想録刊行委員会　1980

2.「隅田川築地月島間連絡可動橋の計画」『土木建築工事画報』6巻2号　岡部三郎　1930
3.『東京地下鉄道史』　東京地下鉄道㈱　1934
4. 岡部三郎写真　土木学会蔵

4-3
1.「我国に於ける航路を横断する交通路の将来に就て」『土木学会誌』18巻5号　岡部三郎　1932
2.「築地月島間可動橋の設計」『土木工学』4巻7号　滝尾達也　1935
3.「可動橋勝鬨橋の設計に就て」『土木学会第一回年次講演会講演集』安宅勝　1937
4.『東京市職員写真銘鑑』　市政人社　1936
5. 勝鬨橋写真、東京都建設局蔵

4-4
1.「初めてデュベルを使用した木構橋」『土木技術』2巻1号　横山正　1941
2.「東京府敷島橋工事報告」『土木学会誌』27巻3号　南保賀 1941
3.「拝島橋梁架設工事に就いて」『土木技術』2巻6号　岩崎二郎　1941
4.（旧）多摩川橋写真、大和田橋写真、（旧）水無瀬橋写真、（旧）萩原橋写真、関戸橋写真、（旧）平山橋写真、（旧）万年橋写真、（旧）敷島橋写真、（旧）笹原橋写真、（旧）高橋写真　曙橋写真、東京都建設局蔵

# 5章

5-1
1.「長老に聞く（鈴木俊男先生）」『ＪＳＳＣ会報』2000.4　日本鋼構造協会
2.『建設のあゆみ』　東京都建設局　1953
3. 四ツ木橋写真、（旧）新六の橋写真、（旧）飯塚橋写真、東京都建設局蔵
4. 鈴木俊男写真　鈴木俊郎氏蔵

5-2
1. 一ノ谷基写真　本人蔵

5-4
1.「東京の橋梁」『日本地理大系 大東京編』　成瀬勝武　改造社　1930

**紅林章央**（くればやし・あきお）

東京都建設局橋梁構造専門課長。八王子市出身。昭和60年入都、奥多摩大橋、多摩大橋を始め、多くの橋やゆりかもめ、中央環状品川線などの建設に携わる。
著作に、『100年橋梁』『歴史的鋼橋の補修・補強マニュアル』『日本の近代土木遺産』（土木学会共著）など。

# 橋を透《とお》して見た風景

定価はカバーに表示してあります。

2016年10月1日　初版第1刷発行

著　者　**紅林章央**
発行者　大橋勲男
発行所　株式会社**都政新報社**
〒160-0023
東京都新宿区西新宿7-23-1　TSビル
電 話：03（5330）8781
FAX：03（5330）8904
デザイン　荒瀬光治（あむ）
印刷所　株式会社光陽メディア


ISBN978-4-88614-237-5 C3020